中国社会科学院老年学者文库

杜书瀛 著

李渔生活美学研究

社会科学文献出版社
SOCIAL SCIENCES ACADEMIC PRESS (CHINA)

前　言
——李渔美学的核心标志是生活美学

《李渔生活美学研究》这本书，原是2021年为纪念李渔（1611—1680）诞辰410周年而作（中国有逢五逢十纪念名人的传统），现在付梓面世，已经过了两年；但是，我想纪念李渔这样的历史文化名人，哪年都不过时——不必非得逢五逢十的大日子。

此书收录了我近年撰写的论述李渔戏曲美学、诗词美学、园林美学、仪容美学、服饰美学等十篇论文；特别是首篇《李渔何许人？》，总结性地论述了李渔的生活道路、艺术生涯和美学人生，是我近些年对李渔六十九年的人格品位和艺术造诣，尤其是他的审美活动和美学思想的重新思考，力图给予中国历史上这位杰出的艺术家和美学家更恰当的定位和评价。

书名叫作《李渔生活美学研究》。可能有的读者有些疑惑：你书中除了谈园林美学、仪容美学、服饰美学这些显著贴着"生活"标签的美学思想之外，明明大量谈到戏曲美学、诗词美学……怎么都称"生活美学"呢？

答曰：这是因为在我看来，李渔美学的基本特点（或曰核心标志），是生活美学——不论李渔的戏曲、诗词、小说的艺术创造，还是李渔对它们的理论阐发，都浸透着他的生活美学思想因素。他的所有艺术作品和美学理论，都是最平民化的、最生活化的，它们离普通百姓很近，离生活本身很近，处处散发着生活本身的美之光辉，它们都是在李渔生活美学思想指导下撰写出来的。李渔在谈他的传奇、小说、诗词如何创新的问题时强调："即在饮食居处之内，布帛菽粟之间，尽有事之极奇，……以此为新，方是词内之新。"① 就是说，他的艺术创作和艺术理论，总是着眼于"饮食居处之内，布帛菽粟之间"这些生活本身的美。更不用说他直接论述园林、仪容（人体的自然美和化妆）、服饰等这些一看便知是论述"生活"本身的美学思想了。请读者诸君读一读李渔的《笠翁一家言》《笠翁十种曲》《耐歌词》《闲情偶寄》等著作吧（它们都收进浙江古籍出版社1991年版的《李渔全集》里了），你会看到，李渔是一个很会生活、生活得很"美"的人，他的一生是"生活美学"的一生，他的所有著作都打着"生活美学"的印记。

这里我要特别说说他的《闲情偶寄》。这是一部地地道道的生活美学小百科，是中国古代一部最具代表性的生活美学著作。全书包括词曲、演习、声容、居室、器玩、饮馔、种植、颐养等八部，论述了传奇（即戏曲）的创作和导演，演员的培养和表演，园林的建造和欣赏，服装的设计、制作和文化内涵，以及日常生活中的妆饰打扮、家具古玩、饮食烹调、听琴观画、赏花养鸟、医疗养生等方方面面，几近包罗万象。

譬如，"器玩部"中，专谈日常器物的设计、制作和把玩，涉及几案、椅杌、床帐、橱柜、箱笼、古董、炉瓶、屏轴、茶具、酒具、碗碟、灯烛、笺简等各种各样的日常用品。这些寻常百姓用的物件，文人雅士不屑一顾，而李渔则在雅士们瞧不上眼的这些"贱物"，如

---

① 《窥词管见》第五则，《李渔全集》第二卷，浙江古籍出版社，1991，第509页。

椅子、凳子上发现美，对这些器物进行创意的设计，力求使用简便的方法为百姓所"审美"地使用。

在"饮馔部"中，李渔提出要吃得"美"，譬如煮米饭时一定要浇上花露。花露一般用蔷薇、香橼、桂花制作，它们的香气与米之香气比较相像，一掀锅，客人定会"诧为异种而讯之"[①]。李渔还谈到蔬菜之美："论蔬食之美者，曰清，曰洁，曰芳馥，曰松脆而已矣。不知其至美所在，能居肉食之上者，只在一字之鲜。"[②]

李渔还在"颐养部"中谈睡眠之乐："然而午睡之乐，倍于黄昏，三时皆所不宜，而独宜于长夏。非私之也，长夏之一日，可抵残冬二日；长夏之一夜，不敌残冬之半夜，使止息于夜，而不息于昼，是以一分之逸，敌四分之劳，精力几何，其能堪此？"[③]

甚至在普通人找不到乐趣的地方，李渔也能挖掘出乐趣来。他在"颐养部"中谈到随时即景、就事行乐："睡有睡之乐，坐有坐之乐，行有行之乐，立有立之乐，饮食有饮食之乐，盥栉有盥栉之乐，即袒裼裸裎、如厕便溺，种种秽亵之事，处之得宜，亦各有其乐。苟能见景生情，逢场作戏，即可悲可涕之事，亦变欢娱。"[④]

我曾听文学研究所古代文学研究室的一位研究员说："《闲情偶寄》，的确是部好书，的确是一家之言，在这书中讲词曲，讲声容，讲建筑，讲种植颐养，无一不精细，无一不内行，并且确乎有个人的独得之处。"

李渔，名副其实，是中国古代最杰出的生活美学大师。

生活美学，对于美学专业人士之外的许多普通读者来说，可能是一个比较新鲜的甚至陌生的术语；即使美学专业人士，或者对"生活

[①] 《闲情偶寄·饮馔部·饭粥》，《李渔全集》第三卷，浙江古籍出版社，1991，第243页。
[②] 《闲情偶寄·饮馔部·笋》，《李渔全集》第三卷，浙江古籍出版社，1991，第235~236页。
[③] 《闲情偶寄·颐养部·睡》，《李渔全集》第三卷，浙江古籍出版社，1991，第323页。
[④] 《闲情偶寄·颐养部·随时即景就事行乐之法》，《李渔全集》第三卷，浙江古籍出版社，1991，第321页。

美学"的称谓有许多不同意见，或者根本不赞同。所以，这里似乎需要费些口舌唠叨几句。

自从20世纪下半叶以至21世纪以来，西方出现"审美泛化"的趋向，许多学者不断鼓吹"日常生活审美化"或"审美日常生活化"，"生活即审美"或"审美即生活"。

有人问：这一美学现象，是不是人为鼓噪的产物？

我的回答：非也。

至少，这种审美现象出现的根本原因并非某些人的主观作为。如果耐心考察生活美学现象的前因后果和产生发展的轨迹脉络，会看到：其实它是社会历史发展变化的结果，也是审美活动和艺术实践自身运行趋向的表现，有其历史的和逻辑的合理性。有人称其为"后现代"在美学上的时代特征，不无道理。

这种新的美学现象，人们名之曰"生活美学"是恰当的，可谓实至名归。

生活美学的提倡者和推行者遍布西方各国，这里仅举最具代表性的两位世界著名美学家。

一位是德国的沃尔夫冈·韦尔施，耶拿席勒大学理论哲学教授，日常生活美学最积极的倡导者。他的主要著作有《重构美学》《感官性：亚里士多德的感觉论的基本特点和前景》《理性：同时代的理性批判和横向理性的构想》《审美思维》《我们的后现代的现代》等行世。其《重构美学》，已由陆扬、张岩冰译成中文，上海译文出版社2006年印行。他最具代表性的观点之一是：现代社会，审美化已经成为基本趋势，它渗透和占据了生活的方方面面。譬如，在都市空间中，大凡人们目之所及、手之所触，差不多每一块铺路石、所有的门把手和所有的公共场所，都没有逃过这场审美化的大勃兴。

一位是美国的理查德·舒斯特曼，亚特兰大大学教授，身体美学的开拓者、日常生活美学的有力推行者。他的相关著作译成中文的有：《实用主义美学》（彭锋译，商务印书馆，2002）、《哲学实践》（彭锋译，北京大学出版社，2002）、《生活即审美——审美经验和生活艺术》（彭锋译，北京大学出版社，2007）、《身体意识与身体美学》（程相占译，商务印书馆，2011），等等。舒斯特曼认为，审美和艺术的新丛林是蓬勃发展的通俗艺术，以及与身体、生活相关的艺术。审美经验的价值和快乐需要整合到我们的日常生活中去，21世纪的审美和艺术将直接关乎我们自己，我们的身体，我们的生活。身体化和身体意识是人类生活的普遍特征。活生生的身体直接与世界接触、在世界之内体验它。通过这种意识，身体能够将它自身同时体验为主体和客体。身体美学课题的部分目标是探索锤炼或提高身体意识水平的原因和方法，目的是更好地使用自身，更好地促进哲学完成其传统目标，诸如获得知识，认识自我，追求德性、幸福和正义。

中国学者也很快跟了上来，他们翻译外国学者的相关著作，并且着手建立现代中国自己的生活美学——当然至今仍然处于草创阶段。

在已出版和发表的生活美学论著中，我认为写得比较好的，是山东大学教授仪平策发表于《文史哲》2003年第2期的《生活美学：21世纪的新美学形态》。该文从中外哲学和美学的历史发展中，阐述了生活美学的存在合理性、历史地位及基本特征。仪平策认为，人类美学迄今主要呈现为三大形态，即古代的客观美学、对象论美学，近代的主体美学、认识论美学，现代的生活美学、人类学美学。作为一种新的美学形态，生活美学是以人类的"此在"（existence）生活为动力、为本源、为内容的美学，是将"美本身"还给"生活本身"的美学，是消解生活与艺术之"人为"边界的美学。它从根本上重构（确切地说是还原）了人与自然、人与整个世界的源始的、本真的关系。

我以为，仪平策的论述具有较强的说服力。

还有，中国社会科学院哲学研究所研究员刘悦笛的《中国人的生活美学》（广西师范大学出版社，2021），也是一部较好的著作。彭博社于2021年11月报道了"活色生香——《中国人的生活美学》新书分享会"，标题即为《〈中国人的生活美学〉：审美即生活》。刘悦笛论述了中国人在美食、闲居、游赏、器物等方面极富创造性的审美经验，并分析其内在的对情性、品德等的追求，回应"审美即生活"的主题。虽然此书在理论上不如仪平策论述得系统、清晰，但它具体、实在。

我这本《李渔生活美学研究》，以中国古代美学家李渔为个例，说明中国传统美学中就有生活美学的光辉代表——当然，那时候中国还没有也不可能有"生活美学"这一术语，就像没有美学、哲学等术语一样。但是，这并不妨碍中国古代存在没有美学名称的美学、没有哲学名称的哲学、没有生活美学名称的生活美学。

其实，中国古代，除李渔外，还有好几位生活美学大师，他们的生活美学著作备受赞誉。

例如，明代后期陈继儒（1558—1639）的《小窗幽记》，全书共有醒、情、峭、灵、素、景、韵、奇、绮、豪、法、倩十二卷，涉及修身、养性、立言、立德、为学、致仕、立业、治家等各方面，主要表达的是日常生活的审美追求，不过它更偏重于文人雅士的情趣。

再如，清初袁枚（1716—1798）的《随园食单》，是一部主要论述美食的生活美学著作，实在是一本美食家的必读之书。全书分为须知单、戒单、海鲜单、江鲜单、特牲单、杂牲单、羽族单、水族有鳞单、水族无鳞单、杂素菜单、小菜单、点心单、饭粥单和茶酒单十四个方面。作者追求的是：活得要任性，吃得要讲究。袁枚说："豆腐煮得好，远胜燕窝；海菜若烧得不好，不如竹笋。"饮食，是大雅学问。

还有，清代沈复（1763—1832?）写于嘉庆年间的《浮生六记》也是一部富有特点的生活美学作品。书中主角是两百多年前的一个苏州女子，名叫陈芸，她将布衣蔬食的生活过得妙趣横生，她的一生，是生活美学的一生。鲁迅说，她是中国第一美人。林语堂说，她是中国历史上一个最可爱的女人。这本书被人称为"晚清小红楼"。

最近我在一次学术讨论会发言中，对中西美学做了比较：如果说西方自古希腊起就产生并发展了哲学美学和艺术美学，那么中国自古就产生并发展了自己的具有显著民族特色的人生美学；而人生美学的重要表现形态之一就是生活美学。这是中国的传统。因此，中国现代的生活美学有自己民族的传统做坚实基础。

本书还有少量内容涉及古籍的考证。这是做学问非常重要的一个环节，但也是常常被搞理论的学者忽略（或不重视）的环节——我认为学界应该克服这个缺点。虽然读者可能感觉这些文字枯燥一些，但我还是委屈了读者，把它们保留下来——因为，这些考据文字，对于李渔研究来说，可能具有重要的学术价值。

我期待专家和读者的批评。

2022 年 10 月 4 日作，10 月 9 日改

目 录
CONTENTS

李渔何许人？ …………………………………………………… 1

李渔的词学 …………………………………………………… 29

李笠翁词话 …………………………………………………… 55

李笠翁曲话 …………………………………………………… 81

从《怜香伴》谈到《笠翁十种曲》 …………………………… 93

李渔《耐歌词》 ……………………………………………… 109

优秀的诗人，杰出的散文家 ………………………………… 134

笠翁原是园林家 ……………………………………………… 144

李渔的人体美论 ……………………………………………… 172

李渔的服饰美学 ……………………………………………… 189

结　语 ………………………………………………………… 203

附　录　谈李渔和《李渔传》
　　　　——2014年3月16日接受中国网络电视台记者采访
　　　　　　　　　　　　　　　　　　　杜书瀛　肖泽颖／210

代　跋　文艺理论家杜书瀛访谈记（节选） ………… 陈定家／232

李渔何许人？

李渔其人

李渔，号笠翁，明万历三十九年（1611）生于江苏如皋，而老家却是浙江兰溪；清初大戏曲家、大戏曲美学家、大小说家，同时也是著名诗人和散文家，园林家和园林美学家，服饰美学家，仪容美学家，美食家，养生家，杰出的日常生活美学大师……名副其实的全才、多面手。

他开始是以传奇（戏曲）和白话小说起家的，其代表作是社会风情喜剧《笠翁十种曲》和白话小说《无声戏》《十二楼》等，作品风行于城镇乡间，几乎妇孺皆知，朋友说他的作品能"救得人活又笑得人死"（杜濬评《无声戏》第一回《丑郎君怕娇偏得艳》文末评）[1]。李渔五十五、五十六岁之后总结一生艺术实践和审美经验，写成著名的《闲情偶寄》，实为一部美学小百科。他不但是一位开拓

---

[1] 《李渔全集》第八卷，浙江古籍出版社，1991，第33页。

性的戏曲美学家，而且在其他方面，如园林美学、服饰美学、仪容美学、诗词美学、饮食美学、养生学等多个领域，也做出了独创性贡献——如果把李渔美学比作一个由主殿和许多配殿组成的建筑群，那么，其主殿无疑是他的戏曲美学，配殿则有诗词美学、园林美学、饮食美学、仪容美学、服饰美学、日常生活美学等。

李渔一生穷愁坎坷却又风流倜傥，人称"李十郎"。当年的李渔——李笠翁犹如今日之歌星、影星、球星家喻户晓，红遍17世纪的中国大地，受到疯狂追捧——虽然少数人对他颇有微词，例如，与李渔差不多同时的董含《三冈识略》卷四"李笠翁"条，就对李渔颇不屑，说他"善逢迎""性龌龊"[1]；但是社会各个方面、不同层次，京师边关，大城小镇，闾里乡村，一些知名或不知名的人士，朝野上下，高官小吏，学界名流，雅至曲水流觞的士大夫，俗至目不识丁的引车卖浆者流和妇人小儿等，更多的人喜欢他、赏识他，对笠翁其人钟爱有加，对他的作品爱不释手，为其倾倒。在当时的中国大地上，刮起了一股不小的"湖上笠翁旋风"。

这股"湖上笠翁旋风"，以李渔当时居住地——开始时是杭州，后来是南京——为中心向周围扩展，纵横千百里，"席卷"大江南北，遍及各个角落。有时，他的剧本上半部刚脱稿即被抢去付诸演出，因此李渔不能不急急撰写下半部以为后继；许多优伶以能搬演笠翁作品而身价倍增。范文白（名骧）在为李笠翁传奇《意中缘》所作序中描述说："予自吴阊过丹阳道中，旅食凤凰台下，凡遇芳筵雅集，多唱吾友李笠翁传奇，如《怜香伴》、《风筝误》诸曲。"[2] 范文白还在

---

[1] 董含《三冈识略》（辽宁教育出版社，2000）卷四"李笠翁"条原文："李生渔者，自号笠翁，居西子湖。性龌龊，善逢迎，邀游缙绅间，喜作词曲及小说，备极淫亵。常挟小妓三四人，遇贵游子弟，便令隔帘度曲，或使之捧觞行酒，并纵谈房中术，诱赚重价。其行甚秽，真士林中所不齿者。予曾一遇，后遂避之。夫古人绮语犹以为戒，今观《笠翁一家言》，大约皆坏人伦、伤风化之语，当堕拔舌地狱无疑也。"

[2] 范文白《意中缘》序，见中国社会科学院文学研究所藏康熙刻《笠翁十种曲》之《意中缘》卷首。

序中这样描述社会高层人物对笠翁作品的追捧："当事诸公购得之，如见异书，所至无不虚左前席。或疑李子雪驴风马，屡空不给，何至名动公卿乃尔！"①李笠翁在当时受欢迎的程度，着实令人惊叹。

范文白《意中缘》序中所言，足以证明李笠翁传奇之火爆状况。范文白作序时，李笠翁虽然家住杭州，然时常走"吴越间"，两浙和江南各地都是他主要的文学和戏曲活动领域。所谓"吴阊"，即今苏州，是昆曲的发祥地，数百年间，戏曲之盛，海内闻名；李笠翁的传奇能在那里的"芳筵雅集"盛演，征服那里的观众和读者，真乃在"孔夫子门前卖书"，而且"卖"得很火，若非上乘作品，很难做到；"丹阳"在苏州以西的长江边上，也是当时的文化重镇，从苏州到丹阳一带，人口密集，连乡村小镇文化也十分发达，而李笠翁传奇能成为这些地方的佼佼者，亦见其魅力之大。范文白说的"芳筵雅集"，一般是指达官贵人、文人学士等高层人士聚会的场合，寿宴、婚庆唱"堂会"，或诗人墨客欢聚一堂诗词唱和，等等。这是李笠翁传奇在比较高雅的地方的演出。但是，李笠翁的传奇和小说是雅俗共赏的，在广大的村镇、乡间的普通民众那里，其作品当更受欢迎。这使我们想到李笠翁在《东安赛神记》中所写乡间赛神庙会上的戏曲表演情形，以及他的《比目鱼》传奇中所写乡村水上舞台演出场面，这颇类似鲁迅《社戏》中描绘的景象。试想，庙会上人山人海，在一块高地搭起舞台，下面人头攒动；或者水乡河汊，小船排排，妇女壮汉、小儿老人站满船头，眼睛齐刷刷盯着水边舞台，不时传出低低的欢声笑语……李笠翁传奇演出情况应该如此。范文白还说，"唐时梨园歌声，又往往依诗人为声价。如刘采春能唱元微之《望夫歌》，便称言词雅措；而长安妓

---

① "雪驴风马"不好解，黄强教授的解释是："有人怀疑李渔或骑驴，或策马，奔波于风雪穷途，囊无分文，经济不能自给，何以公卿大夫仍对之逢迎若后？"

能唱白乐天《长恨歌》,便云不同他妓是也"①;而此刻,"梨园子弟,凡声容隽逸、举止便雅者,辄能歌《意中缘》(李笠翁新撰传奇),为董、陈二公复开生面"。就是说,李笠翁传奇作品在演艺界特别是演员中的声望,堪与唐代著名诗人元稹和白居易的诗歌盛况相比,当年的歌伎因能唱元、白诗歌而身价倍增,现在的梨园子弟凡"声容隽逸、举止便雅者",都能歌李笠翁传奇,且会声名鹊起。

这里还有女子生时"非湖上笠翁之书不读"的故事。安徽芜湖有一位名叫曹石臣的学子,"以美少年而工词翰",他的美貌妻子方氏,"亦闺秀而备德容者",可惜结婚不及十年,方氏去世。临终有遗言:"冀得李子片语,死当瞑目。"甲寅(康熙十三年)夏,李笠翁路过曹石臣家乡,这位丧妻不久的青年学子怀揣爱妻遗像,向笠翁"涕泣索赞",以实现妻子遗愿。他说,他的妻子"生时,非湖上笠翁之书不读,知此老惯操三寸不律,起亡者而存之,只今梨枣之上,俾泉下人凛凛有生气者,谁之力欤"。笠翁叹曰:"噫,予何人斯,能使妇孺知名若此?"②

林语堂1935年用英文写了一部向西方人介绍中国的书在纽约出版,叫作《吾国与吾民》(已有多个中文译本,最近的是长江文艺出版社2009年版和江苏文艺出版社2010年版),该书第九章"生活的艺术"之"日常的娱乐"一节中说:"十七世纪李笠翁的著作中,有一重要部分,专事谈论人生的娱乐方法,叫做《闲情偶寄》,这是中国人生活艺术的指南。自从居室以至庭园,举凡内部装饰,界壁分

---

① 元稹在浙江当官时遇到一位擅长演参军戏又会唱歌的戏子刘采春,曾演唱元稹《望夫歌》,元稹写诗《赠刘采春》赞曰:"新妆巧样画双蛾,谩裹常州透额罗。正面偷匀光滑笏,缓行轻踏破纹波。言辞雅措风流足,举止低回秀媚多。更有恼人肠断处,选词能唱望夫歌。"(《全唐诗》卷四百二十三·元稹二十八,中华书局,1980)白居易《与元九书》中说:"及再来长安,又闻有军使高霞寓者,欲娉倡妓。妓大夸曰:我诵得白学士《长恨歌》,岂同他妓哉?由是增价。……又昨过汉南日,适遇主人集众乐,娱他宾。诸妓见仆来,指而相顾曰:此是《秦中吟》、《长恨歌》主耳。"

② 《曹细君方氏像赞》序,《李渔全集》第一卷,浙江古籍出版社,1991,第117页。

隔，妇女的妆阁，修容首饰，脂粉点染，饮馔调治，最后谈到富人贫人的颐养方法，一年四季，怎样排遣忧虑，节制性欲，却病，疗病，结束时尤别立蹊径，把药物分成三大动人的项目，叫做'本性酷好之药'，'其人急需之药'，'一心钟爱之药'。此最后一章，尤富人生智慧，他告诉人的医药知识胜过医科大学的一个学程。这个享乐主义的剧作家又是幽默大诗人，讲了他所知道的一切。"林语堂大段引述李渔的文字，赞曰："他的对于生活艺术的透彻理解，可见于下面所摘的几节文字，它充分显出中国人的基本精神。"①

几百年来，李渔的作品《笠翁十种曲》、《闲情偶寄》和《一家言》等无数次被重印、翻刻甚至盗版；李渔所创造的喜剧让人们一直笑到现在，他的许多剧目如《风筝误》《怜香伴》等，今天还在以昆曲形式或改编为其他剧种而反复上演。②

李渔早就走出国门，产生世界性的影响。有关材料表明，最早译介李渔的是日本。在李渔去世九十一年后，清乾隆三十六年（1771），即日本明和八年，日本有一本书《新刻役者纲目》（"役者"，日语"优伶"之意）问世，里边译载了李渔的《蜃中楼》的《结蜃》《双订》。据日本青木正儿《中国近世戏曲史》介绍，李渔《蜃中楼》中的这两出戏，在八文舍自笑所编的这本《新刻役者纲目》中"施以训点，而以工巧之翻译出之"。青木正儿还说，德川时代（1603—1876）"苟言及中国戏曲，无有不立举湖上笠翁者"。日本明治三十年也即清光绪二十三年（1897）出版的《支那文学大纲》，分十六卷介绍中国文学家，李渔独成一卷，该书将李渔同屈原、司马迁、李

---

① 林语堂：《吾国与吾民》，陕西师范大学出版社，2002，第312~313页。
② 北昆剧院早就排演了《风筝误》；由北京普罗之声文化传播有限公司和北方昆曲剧院联合出品的昆曲《怜香伴》于2010年5月11日至14日在北京保利剧院上演。它由佳人爱慕佳人的情感入手，讲述了崔笺云、曹语花两位美人，因体香邂逅，诗貌相怜，种下情根，誓做来世夫妻，历经波折，终得同嫁才郎的爱情传奇。香港电影导演关锦鹏任导演，昆曲艺术家汪世瑜任艺术总监，本书作者忝列文学顾问。

白、杜甫等并称为二十一大"文星"。此后，李渔的《风筝误》和《夺锦楼》、《夏宜楼》、《萃雅楼》、《十卺楼》、《生我楼》等作品陆续翻译出版。李渔的《三与楼》英译本和法译本也分别于1815年和1819年出版。此后，英、法两种文字翻译的李渔其他作品也相继问世。19世纪末，A.佐托利翻译的拉丁文本《慎鸾交》《风筝误》《奈何天》收入他编著的《中国文化教程》出版。20世纪初，李渔的《合影楼》《夺锦楼》等德文译本也载入1914年出版的《中国小说》。此外，《十二楼》也由莫斯科大学沃斯克列先斯基教授（汉名华克生）翻译成俄文介绍给俄罗斯读者。近年来，李渔越来越成为世界性的文化、文艺研究对象。著名汉学家、美国哈佛大学东方文化系主任、新西兰人韩南教授认为，李渔是中国古代文学中难得的可以进行总体研究的作家，李渔的理论和作品具有一致性，形成一套独特的见解。20世纪末韩南曾来中国数月之久以完成一部有关李渔的专著。德国的H.马丁博士也发表过数篇研究李渔的论文；1967年马丁到台湾继续研究中国古典文学，并编辑了《李渔全集》（包括《一家言》十卷、《闲情偶寄》六卷、《笠翁十种曲》、《无声戏》、《十二楼》等共十五册），由台北成文出版社于1970年出版。美国波士顿特怀恩出版社于1977年出版了华人学者茅国权和柳存仁著的《李渔》。当然，李渔最被今人看重的是他的戏剧作品和戏剧美学理论。

李渔早已成为世界性的作家。

《闲情偶寄》的历史性突破

在清初的白话小说和社会风情喜剧中，李渔的作品都堪称第一，无人能出其右；而说到这些作品的特征，从内容到形式，皆可用"怪奇""新异"二词形容——此乃李渔独特性格之外露也。这里要特别说说李渔自己最看重的一部著作《闲情偶寄》,它更是"怪物""异人"李渔的代表性作品,是一部充满创新的奇异之书。最重要的是,在《闲情偶寄》中,李渔以其创造性思维构建了中华民族独具特色的美学理论体系,为中华美学尤其是戏曲美学赢得了世界性声誉。

在其戏曲美学里,李渔深入论述了富有中国民族特色的戏曲表演、导演、角色选择和组合、舞美设计、舞蹈、化装、道具、声音效果、戏曲欣赏和接受(即今天人们常说的所谓"观众学")以及戏曲教育等所有美学理论问题。在其园林美学里,李渔所论最主要的当然是园亭构思和建造,此外还包括园林中的花草种植、建筑物中的室内陈设和装饰等美学理论问题。在其诗词美学(主要见于其《窥词管见》)里,李渔论述了诗、词、文、楹联、对子和其他文学体裁创作中的美学理论问题,也包括戏曲文学的美学理论问题。《闲情偶寄·饮馔部》是一部舌尖上的美学,在此我们看到李渔是一位带有浓厚平民色彩的真正的美食大家,可以说在"饮馔"方面,他几乎无所不晓,而且对每一种美味食品,都能说出一番道理来。在谈仪容、服饰的篇章里,李渔考察了身体容貌的自然之美和化妆之美,内在美和外在美,衣服穿着之美和首饰佩戴之美,以及这些审美现象在人们意识里的各种表现,等等。在其日常生活美学里,李渔讲述了包括日常生活起居、颐养、旅游、用具、器玩等之中的各种各样的美学理论问题——顺便说一句,今天人们在热炒所谓"日常生活审美化",其实,李渔是日常生活审美化在中国古代的热情倡导者和鼓吹者,尤其是它的理论阐发者和积极实践者,可以称得上是中国古代日常生活美学大师。

李渔最突出的成就当然是戏曲理论,用张山来的话说,就是"可为法也"。李渔之贡献,表现为他的两点历史性突破。

第一,李渔把以往的"案头之曲"扭转为"场上之曲",即所谓"传奇之设,专为登场"。他为人们树立起这样一种观念:戏曲是通过优伶演给人看的,不是像诗文那样供人案头阅读的。李渔论戏曲布局之"结构第一""立主脑""密针线"等,论戏曲语言之"贵显浅""重机趣"等,论戏曲音律之"恪守词韵""凛遵曲谱""别解务头"等,论戏曲宾白之"声务铿锵""语求肖似""词别繁简"等,论戏曲格局之"出脚色""小收煞""大收煞"等,都由"传奇之设,专为登场"这一基本思想而来。这是中国曲论的历史性革命和巨大创造,可为曲论之时代里程碑。《闲情偶寄》可称为第一部从戏曲创作到戏曲导演和表演全面系统地总结中华古典戏曲特殊规律(即"登场之道")的著作。

第二,李渔把以往戏曲"抒情中心"观念扭转为"叙事中心"观念。这也是巨大的理论革新。以往的戏曲总是把"抒情性"放在第一位,眼睛着重盯在戏曲的抒情性因素上[①],而对戏曲的叙事性(这是更重要的带有根本性质的特点)则重视不够或干脆视而不见。这是中国的传统观念。如李渔的好友、同时代的戏曲作家尤侗在为自己所撰杂剧《读离骚》写的自序中说:"古调自爱,雅不欲使潦倒乐工斟酌,吾辈只藏箧中,与二三知己浮白歌呼,可消块垒。"[②] 这代表了当时一般文人特别是曲界人士的典型观点和心态,连金圣叹也不能免俗。而李渔认识到戏曲根本在叙事,从而做出了超越。李渔自己是戏曲作家、戏曲教师("优师")、戏曲导演、戏班班主,自称"曲中之老奴",恐怕他的前辈和同代人中,没有一个像他那样对戏曲知根、

[①] 他们不但大都把"曲"视为诗词之一种,而且一些曲论家还专从抒情性角度对曲进行赞扬,认为曲比诗和词具有更好的抒情功能,如明代王骥德《曲律·杂论三十九下》说:"诗不如词,词不如曲,故是渐近人情。夫诗之限于律与绝也,即不尽于意,欲为一字之益,不可得也;词之限于调也,即不尽于吻,欲为一语之益,不可得也。若曲,则调可累用,字可衬增,诗与词不得以谐语、方言入,而曲ıvetim惟吾意之欲至,口之欲宣,纵横出入,无之而无不可也。故吾谓:快人情者,要毋过于曲也。"(见《中国古典戏曲论著集成》四,中国戏剧出版社,1959,第160页)

[②] (清)尤侗:《〈读离骚〉自序》,载《西堂曲腋六种·读离骚》,见《全清戏曲》,学苑出版社,2005。

知底，深得其中三昧。因此李渔曲论能够准确把握戏曲的特性。他拿戏曲同诗文做比较，突出戏曲的叙事性。诗文重抒情，文字可长可短，只要达到抒情目的即可；戏曲重叙事，所以一般而言文字往往较长、较繁。《闲情偶寄》是从曲立论，要求戏曲为平头百姓讲故事，要以故事情节吸引人，因此"话则本之街谈巷议，事则取其直说明言"；而且也要特别重视宾白的叙事作用。《闲情偶寄》可谓我国第一部特别重视戏曲之"以叙事为中心"（区别于诗文等"以抒情为中心"）的艺术特点并给以理论总结的著作。

"怪物""异人"

李渔是映红了 17 世纪中国大地的一颗耀眼的艺术明星，而这颗明星最初是从南方升起的。他的友人周彬若为其名著《闲情偶寄》作眉批时，曾如是说："予向在都门，人讯南方有异人否？予以笠翁对；又讯有怪物否？予亦以笠翁对。"[①]

"怪物""异人"，对李渔实在是真实写照。

他"怪"在何处？"异"在哪里？以其行为违抗时俗、作品标怪立异，从而做出历史性突破也。以此，他的人生光彩在"怪""异"，他的历史贡献亦由"怪""异"生发的超越性而来；他以"怪""异"为中华文明增加新的因子。"怪""异"乃其性格特点，也是其艺术创造的标志性品格。

李渔为灿烂的中华文明增添了一束光彩，故我情不自禁为之立传（《戏看人间——李渔传》，作家出版社，2014）。数年之间与李渔"朝夕相处"，对他有了一些新的认识和发现。

---

① 见《闲情偶寄·声容部》眉批，《李渔全集》第三卷，浙江古籍出版社，1991，第 109 页。

李渔的"怪""异"似乎与生俱来。从小,他干什么都要别出心裁,不同凡响,特立独行,违俗违众;直到晚年,依然如此。假如你同李渔在一起,你很快会发现他有一个不安定的灵魂:自由狂放,跃动不息,不愿受常规约束,自谓"我性本疏纵,议者憎披猖";无论何时何地,他非要弄出点新花样、想出些新点子不可。这是他终其一生的突出特点。

六七岁时,他在后花园亲手栽了一棵小梧桐树,时时浇水,精心呵护,视为自己的朋友、玩伴,同它说话,同它玩耍。他要与梧桐树一起长大,而且亲自刻诗记录。当他六十来岁的时候,还深情地回忆起这棵树:"予垂髫种此,即于树上刻诗以纪年,每岁一节,即刻一诗,惜为兵燹所坏,不克有终。"①

进入青年时期,李渔的许多行为,在一般比较古板和循规蹈矩的人看来,也常常会觉得太"出格儿";如果在今天,大概会被划为"另类"。崇祯二年己巳(1629),李渔十九岁,父亲去世。按民间习俗,死者逝去,安葬之后的第一天晚上曰"起煞"——他的鬼魂亦随之而去;但是第七天晚上,逝者鬼魂要回家巡视,叫作"回煞",在这一晚,亲人须移外避鬼,不然有性命之虞。一位"日者"(以占候卜筮为业的人)用这个习俗告诫李渔,劝他外出避鬼,说得凿凿有据,似乎千真万确。然而李渔对此却大感不解。他想:我已遍读圣贤之书,"四书"并无"回煞"之论,"五经"亦无"回煞"之说;又读《史》《汉》等二十一史,也找不到有关"回煞"的记载。怪哉!怪哉!于经无据,于史无证,人们笃信"回煞",岂非咄咄怪事?再说,"回煞"之说也与日常情理相悖:父慈子孝,乃伦理之常,家家户户皆以慈孝为美德,哪有父子互相损害之理?退一万步,即使圣贤之书和二十一史果真有"回煞"之说,也可以不信。孟子曰"尽信

---

① 《梧桐》,《李渔全集》第三卷,浙江古籍出版社,1991,第303页。

《书》，则不如无《书》"，王阳明说"夫学贵得之心。求之于心而非也，虽其言之出于孔子，不敢以为是也，而况其未及孔子者乎！求之于心而是也，虽其言之出于庸常，不敢以为非也，而况其出于孔子者乎"，李卓吾《藏书》也告诫人们，不要以圣贤之是非为是非。再说，看看周围的生活实际，邻里百家，也并没有听说谁家真的遭过"回煞"之难。书上的道理没有实际生活的事实过硬，他坚决不信这一陋俗。李渔心里认定："我之所师者心，心觉其然，口亦信其然，依傍于世何为乎？"[①] 于是他挥笔写了一篇《回煞辩》，与"日者"辩论，痛说"回煞"之谬。"日者"哑口无言。再过一年，李渔二十岁染上了"疫疠"，病得要死。怎么医治？他又一次惊世骇俗，以大夫千叮咛万嘱咐绝不可吃、"一二枚亦可丧命"，而他却嗜之如命的杨梅，来医治他这个要死的病："才一沁齿而满胸之郁结俱开，咽入腹中则五脏皆和，四体尽适，不知前病为何物矣"[②]，居然很快痊愈。

直到晚年，李渔此种性格也没有改变。康熙十七年（1678）九月九日，他的女婿沈因伯劝六十七岁的岳父按习俗登高，李渔却反其道，认为不必非得九月九日登高，说"古例宜循，独九日登高一事，予久惑之，不循可也"，并作《不登高赋》。

李渔读书亦不同凡俗，尤其爱提问题，爱作异想，喜作翻案文章，自谓"当其读时，偏喜予夺前人"。后来他与朋友聚会时常常发表些读史的"另类"观点。

史书大都赞扬春秋时晋国大臣介子推对主子的耿耿忠心和自我牺牲精神，李渔则一反历史定见，认为介子推是伪君子。故事是这样的。介之推当年追随晋公子重耳逃亡国外，有一次穷途挨饿，介子推

[①] 《闲情偶寄·颐养部·疗病第六》，《李渔全集》第三卷，浙江古籍出版社，1991，第348页。
[②] 《闲情偶寄·颐养部·疗病第六·本性酷好之药》，《李渔全集》第三卷，浙江古籍出版社，1991，第349页。

即割自己大腿上的肉，煮了给重耳吃。后来重耳做了国君，史称晋文公，重赏流亡时跟随他的人，唯独没有介子推的份儿。介子推作"有龙"之歌曰："有龙矫矫，顷失其所。五蛇从之，周流天下。龙饥乏食，一蛇刲股。龙还于渊，安其壤土。四蛇入穴，皆有处所。一蛇无穴，号于中野。"怨怼之情显而易见。后世大都盛赞介子推，而责备晋文公。李渔曰：不然。古人所谓"割股救亲"，是说儿子在父母病危时，万不得已而为之。而介子推"割股救饥"则另当别论。为什么？"救饥"是为解饿，解饿的方法多得是，用得着"割股"吗？完全可以另寻他途。介子推"割股"，是做样子给重耳看，以图他日之报。这同易牙烹子求荣又有什么区别？而且介子推作"有龙"之歌，手段十分拙劣，明眼人一看，便知其心术不正。历史上欺瞒天下者多得很，如汉高祖、曹操。汉高祖哭义帝，为之发丧，不过是收买人心；曹操尊迎献帝，耍的也是政治手腕，不过是挟天子以令诸侯……如此而已。李渔告诫人们：千万不要上当受骗。

李渔读史，特别爱发疑问，是个名副其实的"疑古"派——他在顾颉刚之前三百多年就是"疑古"的先驱了。请看李渔惊人之语："予独谓二十一史，大半皆传疑之书也。"① 譬如，史籍赞赏远古"帝王"（实乃部落首领）之禅让美德，而被让的人还总是不肯接受。有个故事说，尧帝想把天下让给许由，许由一听，忙说："请不要弄脏了我的耳朵！"赶快到颍水去洗耳；此时又恰逢巢父在颍水下游饮牛，立刻把牛牵走，说："请不要弄脏了我的牛嘴！"李渔看了这段记载，笑道：当年的天下竟然如此一文不值，逢人即让，还不如小孩手里的一个馅饼，怎能令人相信！

请看：世间竟有不信邪、不唯书者如此！

---

① 《笠翁别集·弁言》，《李渔全集》第一卷，浙江古籍出版社，1991，第307页。

严冬飞出一只遥远春天的燕子

在专制帝国的自我封闭、自给自足的小农经济时代,"怪""异"之李渔,他的许多作为显得那么格格不入,那么不合世俗,那么超前……

也许是由于天性,也许是受商人家庭的某种影响,也许是为不安定的时代不安定的生活所熔铸,也许是所有这些因素综合发生作用,李渔被赋予了一颗不安定的跃荡的心。他过分活泛的品性使其前进的脚步永不停息,他的思想、他的作品总是追求日新月异,他熟悉传统而又惯于"自我作古"——颇类似于近代西方卢梭、托克维尔等人所谓的"自我统治",即个体不服从他人的意志。譬如,农业社会的中国人,通常总是依恋家乡,一辈子不离故土;而李渔却一反这种传统观念,一生不断"违安土重迁之戒,以作移民就食之图",流转四方,迁徙居所,像一个逐水草而居的草原牧民,挑选"水草丰盛"、最适宜就食的地方生活。再譬如,李渔之前的许多小说家大都袭用宋元作品题材,故事总是老故事,关目也常是旧关目,照搬成事,就连李渔非常敬重的明末小说大家冯梦龙,亦如此——他所编纂、改写的"三言",即《喻世明言》《警世通言》《醒世恒言》,浑朴自然,熨帖细腻,韵足神完,好是好,只是在所写情事上自己新创者不多。冯梦龙之后,凌濛初编纂的"二拍",即《初刻拍案惊奇》和《二刻拍案惊奇》,仍无多少新创;凌濛初觉得可改编者已经不多,感叹宋元以来的旧有作品,已被冯梦龙"搜刮殆尽","因取古今来杂碎事可新听睹佐谈谐者,演而畅之","其事之真与饰,名之实与赝,各参半。文不足征,意殊有属"(《初刻拍案惊奇序》)——似乎冯梦龙先下手为强"占了便宜";凌濛初只好"取古今来杂碎事可新听睹佐谈谐者,演而畅之",但这也仍然是袭取前人的老路子。李渔决心改变这一状况,摆脱对前人现成故事的依傍,自己挖掘新情事、寻求新人物、构想新关目,进行全新的创造。孙楷第说:"冯梦龙述古之作,有时只就本事敷衍,不能加上新生命;在笠翁的小说,是篇篇有他的新生命的。"① 就此而言,李渔功莫大焉,他堪称勇敢的杰出的小说革新家,他走出了小说创作的新路子。他总是不守常规,违反时俗,不断追求新异,变换着生活和创作的花样;他总是接连不断而又出人意料地展示着奇异招数,想人所不敢想,道人所未曾道,醒人、骇人、雷人;他的传奇和小说总是语破天惊,能"救得人活又笑得人死"(杜濬评《无声戏》第一回眉批),让人笑破肚皮、笑断腰杆……难怪他常常被人目为"怪物""异人"。

中国向无职业作家,不论屈原、陶渊明、李白、杜甫、白居易、苏轼、李清照、陆游……没有一个是以写作维持生计的;若有,当自明清时代始,李渔是其光辉代表。李渔自四十岁左右,由于各种机缘,"挟策走吴越间,卖赋以糊其口"(黄鹤山农《玉搔头序》),开始了他的自由写作生涯,创作传奇(即戏曲,主要是喜剧)、小说和诗文等,成为中国古代最著名且影响最大的职业作家。他五十岁左右移家南京(或称金陵、白下等),继续写作,并且开办"翼圣堂"、"芥子园"书社——集编辑、出版、销售于一身,以写书、编书、卖书来糊口养家;还组织家庭戏班演出。其间,他数度以著名戏剧家、小说家身份遍游祖国东西南北,广泛结交达官贵人、社会名流,为生计而奔忙不息。当然,这在当时是一条前人没有走过的艰难、辛苦之路。康熙十二年(1673)李渔第二次进京,随身携带刚刚出版的《闲情偶寄》及自制笺筒(印有美丽图案的信纸)销售,但是并不顺利。离京前,余货尚多,于是请朋友帮忙开拓商路。他在给友人的求助信中说"渔行装已束,刻日南归,所余拙刻尚多,道路难行,不能

---

① 孙楷第:《〈十二楼〉序》,上海亚东图书馆,1934。

携载，请以贸之同人"，"多去一部，少受一部之累，早去一日，少担一日之忧"，信里还列出所售之数种"笺目"："韵事笺，每束四十；制锦笺，每束四十；每束计价壹钱贰分……"[1]

为了追求市场效益，李渔善于做广告、做宣传——人们会记得，他的《无声戏》小说题目下常常有"此回有传奇即出"或"此回有传奇嗣出"字样，乃广告也。纂辑《尺牍初征》印行时，附《征尺牍启》，谓"三十年间，兵燹以来，金石鸿编，遗弃殆尽，而况名贤手迹耶！仆广为搜猎，淹久岁月，仅有是编，颜曰初征"[2]，且封面题识云："《初征》行世已久，《二征》旦夕告成。"他以此广泛招徕读者，并向全社会约稿。后来《闲情偶寄》出版时，标明是作为"笠翁秘书第一种"推出，封面印上广告："第二种《一家言》即出。"而且，笠翁抓住一切机会做广告，即使写信也不忘记宣传自己所写作品和所制笺简，访问亲友，也作为礼物赠送，使广为传播，他在给朋友纪伯紫的信中说："芝翁乔梓，各有俚句奉怀，录于拙制洒墨笺上，乞分致之。笺束之制，日来愈繁，以敝友携带为艰，不敢多附，每种一幅，乞传示诸公，以博轰然一笑。弟入都门，则将载此为贽，凡我素交，皆不妨预制佳篇，以俟挥洒。"[3]《闲情偶寄·器玩部·制度第一》"笺简"条有一段带有广告性质的话："已经制就者，有韵事笺八种，织锦笺十种。韵事者何？题石、题轴、便面、书卷、剖竹、雪蕉、卷子、册子是也。锦纹十种，则尽仿回文织锦之义，满幅皆锦，止留縠纹缺处代人作书，书成之后，与织就之回文无异。十

---

[1] 李渔给颜光敏（颜回第六十七世孙，康熙六年进士，官至吏部考功司郎中）的信，见《颜氏家藏尺牍》，上海科学技术文献出版社2012年影印本。黄强教授在《读〈颜氏家藏尺牍〉中的李渔四札——李渔在京城卖书的苦恼》（《古典文学知识》2013年第4期）中做了介绍。

[2] 《尺牍初征》未见《李渔全集》，而是藏于南京图书馆。我的一位朋友、南京师范大学沈新林教授曾深入研究此书。该书大约康熙己酉（1669）由芥子园书社印行，书首是吴梅村序，次即带有广告性质的《征尺牍启》。

[3] 《与纪伯紫》，《李渔全集》第一卷，浙江古籍出版社，1991，第167页。

种锦纹各别，作书之地亦不雷同。惨淡经营，事难缕述，海内名贤欲得者，倩人向金陵购之。是集内种种新式，未能悉走寰中，借此一端，以陈大概。售笺之地即售书之地，凡予生平著作，皆萃于此。有嗜痂之癖者，贸此以去，如偕笠翁而归。千里神交，全赖乎此。只今知己遍天下，岂尽谋面之人哉？金陵书铺廊坊间有'芥子园名笺'五字者，即其处也。"这段话用简明而诱人的语言，把芥子园笺简的特点、内容、质地、种类等讲得很明白，最后以显著字样标明"售笺之地即售书之地"："金陵书铺廊坊间有'芥子园名笺'五字者，即其处也"①。拿到现在，这也是一份优秀的广告词。近些年有一段时间，我们的有些作家认为，为自己的书做广告，不光彩——何必如此自卖自夸？其实，市场经济下，做广告，这是很正常的现象。当然，不能骗人。三百多年前的李渔很会做广告；20世纪30年代的鲁迅也曾为自己的书做广告。李渔比现代作家先走了三百多年。

　　李渔还有更大的揪心事，这就是盗版。他曾经在《闲情偶寄》中说："至于倚富恃强，翻刻湖上笠翁之书者，六合以内，不知凡几……"真是不胜烦躁。这时，接踵而来盗李渔之版者，连连在苏州、杭州出现；以此，李渔亦连连出"战"。李渔在当时基本的生活来源是"卖赋糊口"。他写书、编书、刻书，以获取正当收益，维持一家生计。如此辛辛苦苦以此赚钱谋生，哪容得不法之徒盗版？大约就是李渔访问扬州前后，他曾经给朋友赵声伯写信诉苦，说"新刻甫出，吴门（苏州）贪贾，即萌觊觎之心"。李渔卫护自己的出版权益毫不含糊，拼死斗争，他立即急三火四赶到苏州。然而李渔不过是一个作家，无权无势，靠他个人的微薄之力，制服不了那些"倚富恃强"肆无忌惮的盗版者；当时又不可能有明确法律保护版权不受侵犯，所以反盗版是一件极其困难的事情。怎么办？只好以个人关系，请求官府帮助。

---

　　① 《李渔全集》第三卷，浙江古籍出版社，1991，第229页。

清初，朝廷管理苏州、松江两府的机构称苏松道。在这个当口，他所结交的官府的朋友派上用场了，于是请那时在苏州的"苏松道孙公"出示公文，令那些为非作歹的书商和不轨书坊业主停止盗版行为，"始寝其谋"。所说"孙公"，即顺治末年至康熙初年任职苏松道的道员孙丕承。他是奉天人，恩贡，顺治十三年曾任金华知府，那时可能就与李渔有交往；顺治十八年孙丕承任职苏松道，康熙二年离任。在苏州任内，孙道员为李渔解苏州盗版之难。而在苏州盗版之事将息未息之时，李渔忽然接到家信，说杭州传来消息，那里翻刻李渔著作正在紧锣密鼓地进行，"指日有新书出贸矣"。李渔因事滞留苏州，分身乏术，只得赶紧写信到南京家中，请他女婿沈因伯急速赶往杭州处理盗版事宜。李渔无奈地叹息道："噫！蝇头小利几何，而此辈趋之若鹜。似此东荡西除，南征北讨，何年是寝戈晏甲时？"

《闲情偶寄·器玩部·制度第一》"笺简"条还说过一段话，是关于公平竞争、维护版权、反对盗版的，今天看来与现代中国的作家权益法中的许多精神十分吻合。然而，这可是三百四十多年前的李渔说的话："是集（指《闲情偶寄·器玩部·笺简》）中所载诸新式，听人效而行之；惟笺帖之体裁，则令奚奴自制自售，以代笔耕，不许他人翻梓。已经传札布告，诫之于初矣。倘仍有垄断之豪，或照式刊行，或增减一二，或稍变其形，即以他人之功冒为己有，食其利而抹煞其名者，此即中山狼之流亚也。当随所在之官司而控告焉，伏望主持公道。至于倚富恃强，翻刻湖上笠翁之书者，六合以内，不知凡几。我耕彼食，情何以堪？誓当决一死战，布告当事，即以是集为先声。总之天地生人，各赋以心，即宜各生其智，我未尝塞彼心胸，使之勿生智巧，彼焉能夺吾生计，使不得自食其力哉！"[①] 这里所表现出来的这种希望通过辛勤劳动、公平竞争而获得生计的强烈的版权意

[①] 《李渔全集》第三卷，浙江古籍出版社，1991，第229页。

识，以及这种誓与盗版行为"决一死战"的决心，非常难能可贵。

李渔不仅是在叹息，更是在叩问——叩问苍天，叩问时代，叩问历史！在当时，他是一个了不起的伟大的叩问者。怎么解决盗版问题？这是摆在历史面前的一个严峻的问题。假如叩问的人多了，关注的人多了，要求维护版权的人多了，也许会成为一股重要的历史力量，促使历史发展变化。然而，这在当时是一个太超前的问题，对此，当时的历史不能回答，更不能解决。这是作家的悲哀，也是时代的悲哀。

李渔作为特定时世的戏剧大师，作为由平民起家的历史文化名人，自身却充满种种矛盾；人们对他的为人和作品也有争议，乃至"毁誉参半"。他一生风流倜傥，姬妾随身，自称"登徒子"，人谓"李十郎"，生前即受到某些"正人君子"所谓"李生渔者……性龌龊"（董含《三冈识略》卷四"李笠翁"条）的非议，还说他的作品"不为经国之大业而为破道之小言"（余怀《闲情偶寄》序引述时人话）；离世之后，也有人认为他的作品品位不高，说"词曲至李渔，猥亵琐碎极矣"（黄启太《词曲闲评》），并且"后人每以俳优目之"（于源《灯窗琐话》）。但是，不论当时还是后世，却有更多的人，为他的作品所倾倒。许多学者对他予以高度评价，说"李笠翁十种，情文俱妙，允称当行"（黄周星《制曲枝语》），"所著《十种曲》，如景星卿云，争先睹之为快"（李调元《雨村诗话》），"翁所撰述，虽涉俳谐，而排场生动，实为一朝之冠"（吴梅《中国戏曲概论》）……

李渔所创作的喜剧作品让人们一直笑到现在，他的许多剧目今天还在以昆曲形式或改编为其他剧种而反复上演。而且李渔早就走出国门，17世纪起他的作品就流布于日本，如前引青木正儿所说"德川时代之人，苟言及中国戏曲，无不立举湖上笠翁者"；之后的二三百年，李渔作品又被译成各种文字越过重洋，远达于欧美之法、英、德、意、俄和美等国。他已经成为世界性的作家。

李渔"卖赋糊口"的职业创作之路，在 17 世纪中国茫茫的黑夜之中，透露出一丝遥远春天的曙光。他是严冬里奇迹般飞出来的一只遥远春天的燕子。他是专制体制下小农经济时代的精神异己者。他是市场经济自然萌生期在精神领域长出的一根幼苗，不管它多么稚嫩脆弱而且浑身沾满封建专制体制下的精神痕迹，都代表了一种未来事物的萌芽。他的道路是超前的道路——几乎超前了三四百年，直到 20 世纪，中国的职业作家才在种种压制之下开始成批出现；直到 21 世纪，中国市场经济下的职业写作道路才逐渐成为许多作家的道路。

李渔晚年

笠翁是一个热爱生活、热爱生命的老头儿，他晚年之营造层园，一方面充分享受大自然的恩赐；另一方面，"老骥伏枥，壮心不已"，还想做一次新的人生出发。

无情的岁月和一次又一次的灾难，的确使李笠翁面庞变老了，头发变白了。有一年元夜观灯，一向爱热闹的笠翁也冒着寒风出来与朋友同乐。有人以怜悯和同情之心看待这位多难多病的老人，总觉得他面带愁容。而笠翁这位争强好胜的老诗人以诗答之曰："诸友劝我饮，亦复勉我餐。怪我逢令节，不尽解眉攒。我心本无事，人误作愁看。老人非稚子，如何得大欢？"[①] 笠翁说，你们不要见我脸上横七竖八的皱纹，就觉得我似乎老是愁兮兮的。其实你们错了，老人的脸本来就是这个样子，哪能像小孩子的脸那么欢快？所以，请你们不要误会，我并不愁；而且我身上还有一把子力气，我还要干活，还要继续写作！

是的，笠翁有一颗永远年轻的心，有一双总在辛勤劳作的手。他

[①] 《元夜观灯》，《李渔全集》第二卷，浙江古籍出版社，1991，第 37 页。

从来不服输。

细细检索笠翁自乔、王二姬去世，以至从南京移家杭州、营造层园，直到他离开人间，这前前后后五六年，虽然他年老体弱、贫病交加，经受一次又一次的意外打击，甚至"死而生、生而复死者不知凡几"；但是他顽强地挺立起来，乐观地面对贫病、面对渐渐老去的身躯，从未停下手头的笔。笠翁以常人罕见的不屈精神和毅力，不停地写作、工作。可以说，在任何艰难情况之下，他都坚持笔耕。

他几年间笔耕的重要内容之一是，生活中有感而发，或在出游和同朋友交往中受到触动时，创作的大量诗词、歌赋、楹联以及赞、记、传、序、祭文、纪略，还有许多饱含真情、感人至深的书信。李笠翁在出游湖州期间井喷式地创作了大批诗词，尤其是长篇歌行，笠翁还在移家杭州途中登燕子矶写《登燕子矶观旧刻诗词记》，在层园写《梦饮黄鹤楼记》，在游湖州时写《两宴吴兴郡斋记》，在移家杭州之后写《郭璞井赋》，还有他那封声情并茂的《上都门故人述旧状书》、《与孙宇台毛稚黄二好友》以及《耐病解》……其实，笠翁此时还写了许许多多优美、风趣、脍炙人口的文字，仅列出其他一些重要篇目，即可想见笠翁的勤奋和不息写作的身影：《不登高赋》、《〈名词选胜〉序》、《〈诗韵〉序》、《〈今又园诗集〉序》、《〈覆瓿草〉序》、《〈琴楼合稿〉序》、《〈香草亭传奇〉序》、《祭福建靖难巡抚海道陈大来先生文》、《祭福建靖难总督范觐公先生文》、《闰月称觞记》、《佛日称觞记》、《汉寿亭侯玉印记》、《义士李伦表传》、《朱静子传》、《梁冶湄明府西湖垂钓图赞》、《吴念庵采芝像赞》、《〈春及堂诗〉跋》以及《〈笠翁别集〉弁言》……合起来，不下十数万字。

其中，为朋友写的几篇序跋、给老友毛稚黄的信，以及祭陈大来和范承谟的两篇祭文，不能不单独说一说，因为从中可见出笠翁的为人和品德。

康熙十七年戊午（1678）春，朱修龄手持徐冶公《香草吟》传奇造访笠翁。徐冶公,名沁,号镜曲化农,浙江余姚人,博通经史,能填词,是笠翁的老朋友。笠翁晚年在杭州有《与徐冶公二札》,曰"金陵把臂以后,只于前岁之夏,一晤于大人先生之席中;次年复至,则求风动帐开,再晤捉刀人而不得矣",涉及传奇,说"若止论传奇一道,则冶公与弟二人之外,不能再屈第三指矣"①。徐冶公托朱修龄带信及《香草吟》给笠翁,请序。笠翁向来对朋友之托热情应命,这是他一贯的行为作风。在此期间为老师、朋友写的《〈今又园诗集〉序》《〈覆瓿草〉序》《〈琴楼合稿〉序》等,结合自己的人生体验,评说作品,描画人物,文字情真意切,优美动人。当他拿到传奇《香草吟》时,正在病中。"迨戊午春,朱子修龄持镜曲化农双鲤,并所撰《香草亭》填词,索予言弁首以问世。予病中得故人书,甚喜,然操觚染翰,岂病者事乎?剖缄读之,则非书非词,乃方与药也,合《本草》一大部,锻炼成书。……读未竟而病退十舍。"于是不顾病体,写了一篇热情洋溢的序言,称颂该作词美音谐,"既出寻常视听之外,又在人情物理之中"②;并回信建议把《香草吟》改为《香草亭》。同时,笠翁了解了传信者朱修龄集资援救难民妻女事迹后,为其所感,专门撰写了长文《朱子修龄倡义鸠资赎难民妻女纪略》,对修龄和他的老师表示敬意。

  笠翁还时时关心长期有病的好友毛稚黄,曾寄诗曰"百事都忘病后身,因怀朋旧忽伤神","识君似饮中山酒,千日沉酣只为醇"③;还曾给孙宇台和毛稚黄写了一封文采斐然的信,请他们为《一家言》二集作评。而最能表现笠翁与毛稚黄友情的,是笠翁为毛稚黄婢女朱弦专门写了一篇传记。一天,听说毛稚黄侍妾朱弦去世了,笠翁专门写了一篇《朱静子传》以为纪念,写得楚楚殷殷,动人心魄。笠翁称

---

① 《李渔全集》第一卷,浙江古籍出版社,1991,第231页。
② 《〈香草亭传奇〉序》,《李渔全集》第一卷,浙江古籍出版社,1991,第47页。
③ 《寄怀石庵家孟暨毛子稚黄》,《李渔全集》第二卷,浙江古籍出版社,1991,第233页。

朱弦为"素臣""静子"。何以言之?"静子之归毛子,阅十有五年,以处子始,以处子终。"当毛稚黄病得厉害时,曾"属后事于家人,谓此女年少,宜嫁作良家妇","时静子在侧,一闻斯言,且怒且哭,谓吾身岂传舍乎哉?有之死靡他而已"!自此,毛家愈加看重静子。毛稚黄病得厉害,十年不愈,妇与他姬皆殁,抚育诸子、打理家中事体,皆赖静子一人。她尤其善于伺候病中的毛稚黄,"毛子濒危十余载,终能免于不讳者",全赖静子。静子属虎,星者言,按生辰,当克夫。当毛子病重时,静子曾对女伴说:"主人疾岂由我,星者之言果验乎?若是,则我求先死,损其筭以益主人。"毛稚黄病情渐渐好起来,但是不幸,静子却生病了,而且病入膏肓,以至二十七岁而殁。"毛子哀之,以其所抚诸子豹臣奉为慈母,执丧三年。"笠翁作《朱静子传》以颂之。

　　中国古语云"滴水之恩,当涌泉相报",笠翁时时记得别人对他的恩德。康熙十三年甲寅(1674)靖南王耿精忠叛清,福建巡海道陈大来决然不从,妻妾子女二十四人,除留二子外,皆以忠义而殉难。康熙十五年丙辰(1676)冬,笠翁祭陈大来。其《祭福建靖难巡海道陈大来先生文》序曰:"渔受先生特达之知,闻凶耗于乙卯夏,惊悒久之,然不敢设位而哭,虑此信之或讹耳。丙辰冬,八闽大定,询得实耗……予家人欲俟灵輀经过,设奠未晚,予曰:'士哭知己,等于君亲,人能待,泪不能待也。矧闽越相距数千里而遥,遗子孱弱,知其扶榇于何年?望空一祭,不可少也。'乃设鸡鱼豚首各一,蔬簋四,但不设位,以其生前赠物之尚存者,奉一二以代主……"①笠翁同时写了一篇《义士李伦表传》,颂扬陈大来的幕客李鉴(号伦表)冒死抚养陈大来两个遗孤的事迹。

　　康熙十五年丙辰九月十六日,耿精忠缢杀忠贞不屈的福建总督范

---

① 《李渔全集》第一卷,浙江古籍出版社,1991,第63页。

承谟。笠翁又设位祭之,其《祭福建靖难总督范觐公先生文》序云:"渔蒙太傅公及先生两世下交,皆为怜才二字,于其殁也,可无只字报之乎……"文曰:"呜呼哀哉!臣子报君,与士报知己,无所逃于天地之间,其理一也。公以身陷逆氛,百折不回而死,既能报其君矣;岂公一生好士,于其殁也,无一二抱道怀才之辈,为之杀青污竹,报吐握之诚者哉?"[①]

范觐公和陈大来当年都曾厚待笠翁,笠翁念念不忘。

晚年的学术之光

就在居住于层园的这几年,笠翁还编辑刊行了《一家言》二集、《名词选胜》(有自序,并请尤侗序)和《千古奇闻》(并序);撰写《窥词管见》,又为词集《耐歌词》写了自序,并把《窥词管见》放在《耐歌词》之首,重新印行。此外,李渔还撰写刊刻了《笠翁词韵》,编辑出版了《名诗类隽》,书首载有《窥词管见》数十则[②]。这是李笠翁晚年做出的学术贡献。

《名词选胜》自序首先提出一个命题"文章乃心之花":"文章者,心之花也;溯其根荄,则始于天地。天地英华之气,无时不泄。泄于物者,则为山川草木;泄于人者,则为诗赋词章。故曰:文章者,心之花也。"此论虽是传统观点,但究竟为大眼光、大视野。接着,笠翁以此大视野,简述自古以来的文学发展历程:上古之经,汉之史,唐之诗,元之曲。笠翁重点是谈词:"自有词之体制以来,未有盛于今日者。"他在回顾词的历史之后说:"十年以来,名稿山积,

---

① 《李渔全集》第一卷,浙江古籍出版社,1991,第66页。
② 见丁药园为《窥词管见》第二十一则所作眉评,《李渔全集》第二卷,浙江古籍出版社,1991,第517页。

缮本川流。坊贾之捷于居奇者,欲以陶朱、猗顿之合谋,举而属诸湖上翁一人之手。噫,谬矣哉!文之盛衰,犹视乎运,岂书之传否,我得自为政乎?况当世名贤之司月旦者,莫不秉运而起,选有定本,悬之国门。予高才捷足,一无可恃,鹿死于前,而犹驰逐于后,不为先入关者所笑乎?坊人固请不已,爰有是刻。名曰'选胜',盖以诸选皆胜,而我拔其尤,是犹胜人之胜,非敢胜人之不胜也。"[①]

笠翁于词,颇有心得,《窥词管见》乃其集中体现,其论词的特性和坐标点,以及词与诗、曲的区别,尤为精彩。李笠翁说:"诗有诗之腔调,曲有曲之腔调,诗之腔调宜古雅,曲之腔调宜近俗,词之腔调则在雅俗相和之间。如畏摹腔炼吻之法难,请从字句入手。取曲中常用之字,习见之句,去其甚俗,而存其稍雅又不数见于诗者,入于诸调之中,则是俨然一词,而非诗矣。"这里从"腔调"上指出怎样填词才能有别于作诗和制曲,而且又非常具体地教人如何从字句入手——取曲中常用之字句、去其甚俗而存其稍雅者入于诸调之中,则是词而非诗矣。

康熙十七年戊午(1678)"中秋前十日",即笠翁逝世前一年四个月,他为《耐歌词》写了一篇自序,为我们留下了一段宝贵史料。于此,"《李笠翁词话》"一章详述。

特别令人感动的是李渔临终的三篇序文。笠翁一息尚存,就仍然辛勤劳作,今天想来令人感叹不已。

康熙十八年己未(1679),笠翁六十九岁,已经在层园居住了三年。就在这一年,李笠翁在生命的临终时刻,于病中挣扎着拼尽生命的最后气力,为几部书写了序言,为世界留下他最后的光辉足迹。这些文章是他对人世的额外贡献,甚至来不及收入《一家言》二集之中。

[①] 《李渔全集》第一卷,浙江古籍出版社,1991,第34~35页。

首先是笠翁为《千古奇闻》作序，末署"时康熙己未仲冬朔湖上笠翁李渔题于吴山之层园"。"康熙己未"，大家知道即康熙十八年；"仲冬朔"，即农历十一月初一。据李氏《宗谱》，笠翁是康熙十九年庚申正月十三（1680年2月12日）病逝的。那么写此序，是在他去世前两个月零十二天。

《千古奇闻》是李笠翁删定陈百峰所辑《女史》而成，里面收有数千年妇女故事六百多个，每个故事都有评语，有的是原辑者陈百峰所写，少数乃出自笠翁手笔。此书原是给女儿辈阅读，后公之于世。笠翁序曰："世人但知千古来忠孝节义，奇奇怪怪之事，尽从须眉男子做出，遂将巾帼中淑人懿行略而勿讲，讵非天壤间一大缺陷事哉！……然遇盘根错节，其愚忠愚孝间，有男子所不能者，妇人往往能之，宁可以巾帼者流，略而勿讲耶？"[①] 这篇序的思想应该引起特别注意：他认为女子同男子一样深明大义，甚至有时候男子做不到的，女子倒做到了；对这些光辉事迹，难道因为是女子（"巾帼者流"）做的就忽略不讲吗？这是李笠翁妇女观进步性的一面。笠翁在编辑过程中，叫女儿淑昭、淑慧校阅，外孙女沈姒音抄写。此书的编辑过程和他写的序言，反映了笠翁妇女观中不全是落后腐朽的东西。

接着是为《芥子园画传》作序，末署"康熙十有八年岁次己未长至后三日湖上笠翁李渔题于吴山之层园"。"长至"指冬至[②]，康熙十八年己未的冬至是农历十一月十九，而"长至后三日"即十一月二十二。离笠翁去世只有五十一天。

序曰："余生平爱山水，但能观人画而不能自为画。……今一病经年，不能出游……犹幸湖山在我几席，寝食披对，颇得卧游之乐。"

---

① 《李渔全集》第十五卷，浙江古籍出版社，1991，第429页。
② 《太平御览》卷二八引后魏崔浩《女仪》："近古妇人常以冬至日上履袜于舅姑，践长至之义也。"唐戎昱《谪官辰州冬至日有怀》诗："去年长至在长安，策杖曾簪獬豸冠。"钱谦益《小至日京口舟中》诗："偶逢客酒浇长至，且拨寒炉泥孟光。"也有谓"长至"指夏至者。

这部画传，据序中说是笠翁的女婿沈因伯先世所遗，原四十三页，经王安节"增辑编次"，"广为百三十三页"，并附临摹古人各式山水四十幅，笠翁认为是一部"不可磨灭之奇书"，对学画者极有裨益，若不公世，"岂非天地间一大缺陷事哉"？于是"急命付梓"。然而，当这部书印出来的时候，笠翁已经仙逝。

这部画传后来不断增补。王安节康熙四十年辛巳（1701）于《画传合编序》中曾说："今忽忽历廿余稔，翁既溘逝，芥子园业三易主，而是编遐迩争购如故，即芥子园如故。信哉！书以人传，人传而地与俱传矣。且复宇内嗜者尽跂首望，问有二编与否。沈子因伯乃出其翁婿藏弄花卉虫鸟名隽诸作，束若牛腰，俾余暨宓草、司直两弟经营临写。"《芥子园画传》问世已经二十多年，芥子园业三易其主，但是，这部《画传》始终为人们所关注，并且不断有人问起是否有续编，于是沈因伯出其家藏"花卉虫鸟名隽诸作"，经过王安节兄弟三人经营临写，补充完善，出了《画传合编》。然而，《芥子园画传》首其功者，乃笠翁也。吃水不忘掘井人，王安节等后辈始终对李笠翁怀着深深的敬意和思念。

笠翁生前写的最后一篇文字，是康熙十八年己未十二月为"四大奇书第一种"（即《三国志演义》）所作之序。根据序文中"予婿沈因伯归自金陵，出声山所评书示予"所示，此序乃为毛声山批《三国志演义》而写。毛声山即毛纶，字德音，号声山，毛宗岗的父亲，明末清初颇有文名，然一生穷困；中年以后，双目失明，其为《琵琶记》《三国志演义》作评时，由他口授，其子毛宗岗记录、校订、加工以至最后定稿。所以今日一般以毛氏父子连称。毛批《三国志演义》现藏国家图书馆善本室，为康熙年间醉耕堂刊本《四大奇书第一种》，题名"声山别集"，六十卷一百二十回。

清醉耕堂刊毛宗岗评本《三国志演义》由李渔为之序。序曰："昔弇州先生（王世贞）有宇宙四大奇书之目，曰《史记》也，《南华》也,《水浒》与《西厢》也。冯犹龙亦有四大奇书之目,曰《三国》也,《水浒》也,《西游》与《金瓶梅》也。两人之论各异。愚谓书之奇当从其类,《水浒》在小说家,与经史不类,《西厢》系词曲,与小说又不类。今将从其类以配其奇,则冯说为近是。然野史类多凿空,易于逞长,若《三国演义》则据实指陈,非属臆造,堪与经史相表里。由是观之,奇又莫奇于《三国》矣。"序后署:"康熙岁次己未十有二月,李渔笠翁氏题于吴山之层园。"[1] "己未"即康熙十八年(1679),大家已经很熟悉了;但只说"十有二月"而没有说是十二月的哪一天。无论如何,这离笠翁转过年来的正月十三去世,顶多还有一个来月的时间——直到这个时候,他还在劳作,而且引经据典,字斟句酌,见解高远,态度认真而严谨,殊可敬佩。

康熙十九年庚申(1680)正月十三,李笠翁在杭州西湖边上的层园病逝,享年六十九岁。

笠翁风光一生,也贫困一生。临死,家无余资,好友钱塘令梁冶湄出资将其安葬于杭州方家峪外莲花峰,九曜山之阳,题其墓碣曰:"湖上笠翁之墓,弟梁允植立"。

梁冶湄,名允植,号承笃,直隶真定人,贡生,康熙十一年壬子(1672)起任钱塘知县。笠翁最初相识梁冶湄是康熙六年丁未(1667)游秦时(梁冶湄七绝《哭笠翁》有"忆昔秦川汗漫游,春风郭李附仙舟"句),后来梁冶湄到钱塘做知县,对笠翁倍加感怀照顾,笠翁亦有多篇诗文颂其德政,说他"令浙七载,政不胜书"。笠翁去世,梁冶湄作七绝《哭笠翁》四首:

廿年风雨赋嘤鸣,一夕分飞变羽声。未过君门肠已断,湖山烟树不胜情。

---

[1] 《〈三国演义〉序》,《李渔全集》第十八卷,浙江古籍出版社,1991,第538、541页。

忆昔秦川汗漫游，春风郭李附仙舟。至今不复瞻元礼，落月鸡坛无限愁。

君才合是谪仙人，囊括烟霞数十春。鹤影莫遗华表恨，青莲原是悟前身。

穗帐空庭锁寂寥，孤儿雪夜泣风潮。伤心此道真如土，千载何人续孝标？

乾隆三十一年（1766），兰溪下李村李氏修谱，李笠翁侄孙李春芳、李泰生携谱前往杭州访其墓，见"穴场塌陷，棺椁露天。虽亲支照看乏人，实系牛马往来践踏所致"，遂加修葺，并刊碑记。中行大书"故清笠翁太公之墓"，左首落款"乾隆三十一年春二月兰溪侄孙春芳、再侄孙泰生立。再侄孙宝敬书"。后墓圮，嘉庆十二年（1807）三月二十七，仁和孝廉赵坦（宽夫）命守冢人沈得昭修筑之，复树故碣，且俾为券藏于家。赵坦作《书李笠翁墓券后》记其事，曰："笠翁豪放士，非坦所敢慕。特以其才有过人者，一抔克保，庶可无憾。"①

然而，李笠翁墓今已不存。

李笠翁留给后人丰富的文化遗产，也留给后人无限思索。

他是成功者吗——为什么一生穷愁，死无葬资？

他是失败者吗——为什么三百多年以来他的著作流传不息，中国和外国那么多人在读他、演他、热爱他、研究他、纪念他？

---

① 见单锦珩《李渔年谱》，《李渔全集》第十九卷，浙江古籍出版社，1991，第128页。

李渔的词学

词的特性和坐标点

《窥词管见》作为李渔最重要的词学著作，提出了许多今天仍有价值的思想，其中将诗、词、曲三者进行比较的文字，十分精彩。前三则即在比较中讲词与诗、曲的关系及区别，对词的性质、特点、位置进行界说。其第一则曰："作词之难，难于上不似诗，下不类曲，不淄不磷，立于二者之中。大约空疏者作词，无意肖曲而不觉仿佛乎曲；有学问人作词，尽力避诗而究竟不离于诗。一则苦于习久难变，一则迫于舍此实无也。欲为天下词人去此二弊，当令浅者深之，高者下之，一俯一仰，而处于才不才之间，词之三昧得矣。（毛稚黄评：词学少薪传，作者皆于暗中摸索。笠翁童而习此，老犹不衰，今尽出底蕴以公世，几于暗室一灯，真可谓大公无我。是书一出，此道昌矣。）"[①]

[①] 《李渔全集》第二卷，浙江古籍出版社，1991，第506页。

唐圭璋先生《词话丛编》将《窥词管见》每一则下都加了小标题，点出本则主旨。第一则小标题是"词立于诗曲二者之间"。

李渔一贯善于从比较之中找出所论事物的特点。如何比？要找最相近的两个事物相互考量。就词而言，如果将词与古文、小说等明显不同的文体放在一起，很容易看出差别，那对于真切把握词的特征没有多大意义，因为差别大的东西，人们一眼即可见出各自特点，而差别小的东西才最易相混，把最易相混的东西区分开来，即能抓住它的本质特性。词与什么文体相近？诗与曲也。所以李渔界定词的特点，开宗明义，第一则即拿词与诗、曲比较，说它"上不似诗，下不类曲，不淄不磷，立于二者之中"。李渔这里以"上""中""下"摆放诗、词、曲的位置，而词居其"中"。在李渔看来，诗更高雅一些，曲则浅俗一些，词则在雅俗之间。故李渔告诉填词者："当令浅者深之，高者下之，一俯一仰，而处于才不才之间，词之三昧得矣。"

李渔之前，也有不少人界定词的特点。例如李清照倡言词"别是一家"："……逮至本朝，礼乐文武大备。又涵养百余年，始有柳屯田永者，变旧声作新声，出《乐章集》，大得声称于世；虽协音律，而词语尘下。又有张子野、宋子京兄弟，沈唐、元绛、晁次膺辈继出，虽时时有妙语，而破碎何足名家。至晏元献、欧阳永叔、苏子瞻，学际天人，作为小歌词，直如酌蠡水于大海，然皆句读不葺之诗尔，又往往不协音律者。何耶？盖诗文分平侧，而歌词分五音，又分五声，又分六律，又分清浊轻重。且如近世所谓《声声慢》、《雨中花》、《喜迁莺》，既押平声韵，又押入声韵；《玉楼春》本押平声韵，又押上去声，又押入声。本押仄声韵，如押上声则协；如押入声，则不可歌矣。王介甫、曾子固文章似西汉，若作一小歌词，则人必绝倒，不可读也。乃知词别是一家，知之者少。后晏叔原、贺方回、秦少游、黄鲁直出，始能知之。又晏苦无铺叙，贺苦少典重，秦即专主情致，而少故实，譬如贫家女，虽极妍丽丰逸，而终乏富贵态；黄即尚故实而多疵病，譬如良玉有瑕，价自减半矣。"上引这段话，其理论核心是她从比较中点出词"别是一家"。易安居士主要从两个方面阐明词与诗的区别。第一，是从填词须合音律的角度，把音律上不太"正宗"的词（即她所谓"皆句读不葺之诗尔"）和音律上比较纯正的词相比较，以见出词不同于诗的特点——这是她花费较多口舌所强调的重点，不惜罗列众多具体事例予以恳切、详细的论述。这是比较明显的方面，人们很容易看到，也很容易理解，以往学界所注意者也多在此。第二，是从词与诗这两种不同体裁样式的比较中，见出它们在题材、内容、风格上的差异。李清照对这层意思说得比较隐晦，寓于字里行间而不怎么显露，若不特意留心，它可能在人们眼皮底下溜掉，以至古往今来学者大都对李清照话语中的这层意思关注不够。其实它对区分词与诗的不同特征，甚至比第一点更重要。请注意李清照"晏元献、欧阳永叔、苏子瞻，学际天人，作为小歌词，直如酌蠡水于大海"这句话。我体会所谓"作为小歌词，直如酌蠡水于大海"的意思，乃谓填词相对于作诗，是"作为小歌词"；后面"王介甫、曾子固文章似西汉，若作一小歌词，则人必绝倒，不可读也"中，又一次提到填词是"作一小歌词"。很明显，李清照特别突出的是词之"小"的特点。这"小"，主要是题材之"小"，另外也蕴含着风格之"婉"。这就是人们通常所说的：词是艳科。词善于写儿女情长、风花雪月之类的"小"题材，词的特点即在于它的婉丽温软。几乎从词一诞生，人们就给它如此定性。如果说李清照认为像"欧阳永叔、苏子瞻"等善于赋诗的"学际天人"倘填词（"作为小歌词"）"直如酌蠡水于大海"，小之又小；那么，与填词之"小"相对，作诗又当如何看待？从"直如酌蠡水于大海"的相反方面推测其言外之意，她显然把作诗看得"大"许多。倘填词"直如酌蠡水于大海"，则作诗应该是大海航行般的"大"动作，是写"大"题材，用今人常说的话即："宏大叙事"。

李清照的这个思想也贯穿于她自己的创作中。兹以李清照写于同一时期的一词一诗相互对照说明之。绍兴四年（1134）九月，金军进犯临安（杭州），为避难，孤苦伶仃而又秉性坚毅的李清照逃至金华。第二年即绍兴五年暮春，写下《武陵春》词，紧接着，在春夏之交，又写下《题八咏楼》诗。《武陵春》词曰："风住尘香花已尽，日晚倦梳头。物是人非事事休，欲语泪先流。　闻说双溪春尚好，也拟泛轻舟。只恐双溪舴艋舟，载不动、许多愁。"《题八咏楼》诗曰："千古风流八咏楼，江山留与后人愁。水通南国三千里，气压江城十四洲。"

李清照的这首词和这首诗，不但写作时间相近，而且写作地点相同。我到金华开会时，曾有幸登临坐落于该市东南隅的八咏楼。此楼乃南朝齐隆昌年间（5世纪末）东阳郡太守沈约所建，位于婺江北侧，楼高数丈，屹立于石砌台基之上，有石级百余。倘若你在婺江小舟之上临水北望，会看到八咏楼拔地而起，巍巍峨峨，矗立于群楼之间如鹤立鸡群，在今天依旧是庞然大物，想在千年之前，肯定是当地第一高度。我气喘吁吁征服最后一个石阶，站在八咏楼上南望，词中所说的"双溪"——从东南流来的义乌江和从东北流来的武义江，正好在脚下汇流成婺江向西流去。李清照当时已年过半百而孑然一身，国破家亡，生灵涂炭，江山破碎，物是人非，此情此景怎能不让她感慨万千！其愁其苦，非一般人所能忍受。李清照在这种情境之中写的词和诗自然而然涉及"愁"，而且于国于家于己，都是大苦、大悲、大愁。但是，请读者诸君将这词和这诗对照一下便可体味到，同是李清照一人，同在一个地点、一个时间，同样是写"愁"，其词其诗却很不相同：她的词哀婉凄美，所谓"物是人非事事休，欲语泪先流。　闻说双溪春尚好，也拟泛轻舟。只恐双溪舴艋舟，载不动、许多愁"；而她的诗却于愁肠中充满豪气和壮阔，所谓"千古风流八咏楼，江山留与后人愁。水通南国三千里，气压江城十四洲"。这不能不说与两篇作品分别属于词和诗的不同体裁样式相关。

关于词与诗的这种不同特点,后人又有更多论述,如宋张炎《词源》(卷下)"赋情"条说:"簸弄风月,陶写性情,词婉于诗。"元陆辅之《词旨》(上)开头便讲:"夫词亦难言矣,正取近雅,而又不远俗。"明王世贞《艺苑卮言》在"评明人词"条中谈明词与元曲时谓:"元有曲而无词,如虞、赵诸公辈,不免以才情属曲,而以气概属词,词所以亡也。"杨慎《词品》(卷四)"评稼轩词"条中,借南宋人陈模《怀古录》中的话说:"近日作词者,惟说周美成、姜尧章,而以东坡为词诗,稼轩为词论。此说固当,盖曲者曲也,固当以委曲为体。然徒狃于风情婉娈,则亦易厌。回视稼轩所作,岂非万古一清风哉!"

从上述张炎"词婉于诗"的"婉"字,还透露出一个信息,即宋人(大概在辛弃疾之前相当长时间里是绝大多数人)认为"婉"(如温柳)乃词之本性或词之正体,而"豪"(如苏辛)则是变体。这里涉及长期以来关于"婉约""豪放"的争论。我想,"婉""豪"之不同其实有两个相互区别而又相互联系的含义,一是题材,一是词风。一方面,词从产生以至其发展的初期,总是花前月下,儿女情长,柔美仕女,小家碧玉,多愁文人,善感墨客……小欢乐,小哀伤,小情趣,总之多是"婉"的题材、"婉"的情感;另一方面,与这"婉"的题材、"婉"的情感相联系,也自然有软绵绵的"翠娥执手""盈盈伫立"的"婉"体,温柔香艳、怀人赠别的"婉"调,"杨柳岸,晓风残月"的"婉"风,正如欧阳炯在《花间集序》中所说:"绮筵公子,绣幌佳人,递叶叶之花笺,文抽丽锦;举纤纤之玉指,拍按香檀。不无清绝之辞,用助娇娆之态。"但是应该看到词坛绝非静滞的死水,随着社会生活和文学艺术本身的发展,词的"题材"和词"体"、词"调"、词"风"也在变化。这首先出现在五代南唐后主李煜词中，写亡国之君的身际遭遇，词的题材扩大了，从花前月下男女情思变成国破家亡离愁别恨，词风也从"柔婉""纤美"变成"故国不堪回首月明中"的"哀伤""沉郁"。至李冠①特别是苏轼，则更多写怀古、感时、伤世，词风也变得粗犷、豪放，他自称其词"虽无柳七郎风味，亦自是一家"，能"令东州壮士抵掌顿足而歌之，吹笛击鼓以为节，颇壮观也"②，最具代表性的是《念奴娇·赤壁怀古》"大江东去，浪淘尽千古风流人物……"明人马浩澜著《花影集·自序》中引宋人俞文豹《吹剑录》的话阐明苏柳区别："东坡在玉堂日，有幕士善歌。坡问曰：'吾词何如柳耆卿。'对曰：'柳郎中词宜十七八女孩儿，按红牙拍，歌杨柳岸晓风残月。学士词须关西大汉，执铁板唱大江东去。'"③ 就是说在南宋已经明显区分苏柳不同词风。不过豪放风在苏轼以及苏轼之前的李冠等人那里只是起点，苏轼等人的"豪"词只占其词作很少一部分。豪放派的大旗真正树立起来并且蔚然成大气候的是南宋辛弃疾，他一生629首词，"豪"词占其大半，并且具有很高艺术成就。像《菩萨蛮·书江西造口壁》"郁孤台下清江水，中间多少行人泪！西北望长安，可怜无数

---

① 人们大都咬定苏轼开创"大江东去"豪放词风，其实得风气之先者乃李冠（字世英，历城人，生卒年均不详，约宋真宗天禧年间前后在世，比苏轼约早半个世纪），他有两首《六州歌头》，一首是"项羽庙"："秦亡草昧，刘项起吞并。鞭寰宇，驱龙虎，扫欃枪，斩长鲸。血染中原战，视余耳，皆鹰犬，平祸乱，归炎汉，势奔倾。兵散月明，风急旌旗乱，刁斗三更。共虞姬相对，泣听楚歌声，玉帐魂惊，泪盈盈。　念花无主，凝愁苦，挥雪刃，掩泉扃。时不利，骓不逝，困阴陵，叱追兵。呜喑摧天地，望归路，忍偷生。功盖世，何处见遗灵。江静水寒烟冷，波纹细、古木凋零。遣行人到此，追念益伤情，胜负难凭。"另一首是"骊山"："凄凉绣岭，宫殿倚山阿。明皇帝，曾游地，锁烟萝，郁嵯峨。忆昔真妃子。艳倾国，方姝丽，朝复暮，嫔嫱妒。宠偏颇。三尺玉泉新浴，莲羞吐、红浸秋波。听花奴，敲羯鼓，酣奏鸣鼍（tuó）。体不胜罗。舞婆娑。　正霓裳曳。惊烽燧。千万骑。拥雕戈。情宛转。魂空乱。蹙双蛾。奈兵何。痛惜三春暮，委妖丽，马嵬坡。平寇乱。回宸辇。忍重过。香瘗（yì）紫囊犹有，鸿都客、钿合应讹。使行人到此，千古只伤歌。事往愁多。"明眼人一看便知，无论在题材还是词风上，李冠都是苏轼的引领者。
② 苏轼《与鲜于子骏三首》之二，《东坡文集》第五十三卷。
③ 语见杨慎《词品》卷六"马浩澜著花影集"条，见唐圭璋编《词话丛编》，中华书局，1986，第530页。

山！　青山遮不住，毕竟东流去。江晚正愁余，山深闻鹧鸪。"像《破阵子·为陈同甫赋壮词以寄之》"醉里挑灯看剑，梦回吹角连营。八百里分麾下炙，五十弦翻塞外声。沙场秋点兵。　马作的卢飞快，弓如霹雳弦惊。了却君王天下事，赢得生前身后名。可怜白发生！"像《太常引·建康中秋夜为吕叔潜赋》"一轮秋影转金波，飞镜又重磨。把酒问姮娥：被白发、欺人奈何！　乘风好去，长空万里，直下看山河。斫去桂婆娑，人道是、清光更多！"等，都是"横绝六合，扫空万古，自有苍生以来所无"① 的不朽篇章。但是"豪放""婉约"两术语的出现却始于明代张綖②，其《诗余图谱》曰："词体大略有二：一体婉约，一体豪放。婉约者欲其词情蕴藉，豪放者欲其气象恢弘。"张綖说的是两种"词体"；至清，才明确以"婉约""豪放"指词派、词风，王士禛《花草蒙拾》"婉约与豪放二派"条云："张南湖论词派有二：一曰婉约，一曰豪放。仆谓婉约以易安为宗，豪放惟幼安称首，二安皆吾济南人，难乎为继矣！"

上述列举界说词性的各家，从比较中指出词之特征，各有妙处，李清照说得尤其精到；而李渔虽然在《窥词管见》第一则中没有着重谈"婉""豪"的问题，但他准确把握住了词"上不似诗，下不类曲，不淄不磷，立于二者之中"的坐标点，在继承前人基础上对词的基本特征论述得十分明确、清楚、干脆、利落。

审美意境与人生境界

李渔还有几句话："作词之料，不过情景二字，非对眼前写景，

---

① 刘克庄：《后村大全集》卷九十八《辛稼轩集序》。
② 张綖，明诗文家、词曲家，字世文，自号南湖居士，高邮人，正德八年（1513）举人。擅诗文，尤工长短句，有《诗余图谱》《南湖诗集》《淮海集》等。

即据心上说情,说得情出,写得景明,即是好词。"读此,我想起李渔之后数百年王国维关于"境""境界""意境"的两段话,一段是《人间词话》里的:"境非独谓景物也。喜怒哀乐,亦人心中之一境界。故能写真景物、真感情者,谓之有境界。"一段是《宋元戏曲考》里的:"然元剧最佳之处,不在其思想结构,而在其文章。其文章之妙,亦一言以蔽之,曰:有意境而已矣。何以谓之有意境?曰:写情则沁人心脾,写景则在人耳目,述事则如其口出是也。古诗词之佳者无不如是。"将王国维的这两段话与上面李渔的话对照,从语气、语意甚至选字造句上,你不觉得如出一辙吗?但是王国维更明确点出了"境""境界""意境",而且王国维比李渔更高明。高明在哪里?高明在他将"意境"("境界")的侧重艺术品鉴推进到艺术与人生相统一的审美品鉴。《人间词话》将人生境界分为三重,又以三句古典诗词来诠释,曰:"古今之成大事业、大学问者,必经过三种之境界:'昨夜西风凋碧树,独上高楼,望尽天涯路',此第一境也。'衣带渐宽终不悔,为伊消得人憔悴',此第二境也。'众里寻他千百度,蓦然回首,那人却在,灯火阑珊处',此第三境也。"这段话明确地将艺术意蕴的品鉴与人格情致、人生况味的品鉴相融合,从诗词、艺术的意境来通至人生、生命的境界。"真景物""真感情"为境界之本,"忧生""忧世"的"赤子之心"为创境之源。对于王国维而言,境界之美实际上也成为人生之美的映照。

今天治中国美学者,大多数人愈来愈取得某种一致的观点:中国美学根本是人生美学,艺术美学不过是人生美学之一种表现形态而已。不了解这一关键之处,即不了解中国美学之精髓。所以王国维又总是把诗词写作同宇宙人生紧紧联系在一起,说:"诗人对宇宙人生,须入乎其内,又须出乎其外。入乎其内,故能写之;出乎其外,故能观之。入乎其内,故有生气;出乎其外,故有高致。"在王国维看来,"境界"其实是为众人而设的,只是常人似乎感觉得到,却抓不住、写不出；而诗人能够抓得住、写得出。他说："一切境界，无不为诗人设。世无诗人，即无此种境界。夫境界之呈于吾心而见于外物者，皆须臾之物，惟诗人能以此须臾之物，镌诸不朽之文字，使读者自得之。遂觉诗人之言，字字为我心中所欲言，而又非我之所能言，此大诗人之秘妙也。境界有二：有诗人之境界，有常人之境界。诗人之境界，惟诗人能感之而能写之。"由此大多数中国美学的研究者和创作家悟出：没有人生之境界，哪有艺术之境界？要写出艺术之境界，先把握人生之境界。

"情主景客"与诗词本性

李渔有云："词虽不出情景二字，然二字亦分主客：情为主，景是客。说景即是说情，非借物遣怀，即将人喻物。有全篇不露秋毫情意，而实句句是情，字字关情者。切勿泥定即景咏物之说，为题字所误，认真做向外面去。"（《窥词管见》第九则）

"情为主，景是客"，一针见血，说出诗词本性。后来王国维《人间词话》"昔人论诗词，有景语、情语之别。不知一切景语皆情语也"，又是与李渔"情主景客"的思想如出一辙。

李渔之前早有人论述过情景问题。宋代张炎《词源》卷下"离情"条引了姜夔《琵琶仙》和秦少游《八六子》两首词后谈情景关系云："离情当如此作，全在情景交炼，得言外意。"明代谢榛也谈到情景关系，提出"景乃诗之媒，情乃诗之胚"，"情融乎内而深且长，景耀乎外而远且大"。与李渔差不多同时的王夫之论情、景关系时亦云："情景虽有在心在物之分，而景生情、情生景，哀乐之触，荣悴之迎，互藏其宅。""情景名为二，而实不可离。神于诗者，妙合无垠。巧者则有情中景、景中情。""景中生情，情中含景，故曰，景者情之景，情者景之情也。"张炎、谢榛、王夫之都对情景关系做了很好的论述。只是，似乎他们没有如李渔、王国维这么明确地说出"情主景客"的意思。

李渔之后，也有很多人谈情景关系，如周济《宋四家词选目录序论》云："耆卿融情入景，故淡远。方回融景入情，故秾丽。"刘熙载《词概》云："词或前景后情，或前情后景，或情景齐到，相间相融，各有其妙。"沈祥龙《论词随笔》云："词虽浓丽而乏趣味者，以其但知作情景两分语，不知作景中有情、情中有景语耳。'雨打梨花深闭门''落红万点愁如海'，皆情景双绘，故称好句，而趣味无穷。"田同之《西圃词说》云："美成能作景语，不能作情语。愚谓词中情景不可太分，深于言情者，正在善于写景。"况周颐《蕙风词话》云："盖写景与言情，非二事也。善言情者，但写景而情在其中。"但都不如李渔和王国维直接点出"情主景客"来得透亮、精辟。

因此，我觉得还是李渔、王国维更加高明。

可解不可解

李渔主张"诗词未论美恶，先要使人可解"。

"诗词未论美恶，先要使人可解。白香山一言，破尽千古词人魔障——爨婢尚使能解[①]，况稍稍知书识字者乎？尝有意极精深，词涉隐晦，翻绎数过，而不得其意之所在。此等诗词，询之作者，自有妙论，不能日叩玄亭，问此累帙盈篇之奇字也。有束诸高阁，俟再读数年，然后窥其涯涘而已。"（《窥词管见》第十则）。

一般而言，这是对的。我也喜欢那些既可解又意味无穷的诗词。

[①] "白香山一言"三句：相传白居易每作诗，令一老妪解之，妪曰解，则录之；不解，则易之。（见宋惠洪《冷斋夜话》卷一）

但是，还应看到，正如董仲舒《春秋繁露》所言："《诗》无达诂。"①

诗词，广义地说包括一切文学艺术作品在内，就其"通常"状态而言，其所谓"可解"，与科学论文之"可解"，决然不同。诗词往往在可解不可解之间。还有某些比较"特殊"的诗人和"特殊"的诗词，像李商隐和他的某些诗如《锦瑟》（"锦瑟无端五十弦，一弦一柱思华年。庄生晓梦迷蝴蝶，望帝春心托杜鹃。沧海月明珠有泪，蓝田日暖玉生烟。此情可待成追忆，只是当时已惘然"），就"不好解"或几于"不可解"，历来注家争论不休，莫衷一是；当代的所谓"朦胧诗"亦如是。而"不好解"或几于"不可解"的诗，并不就是坏诗。还有，西方的某些荒诞剧，如《等待戈多》，按常理殊不可解。剧中，戈多始终没有出现。戈多是谁？为何等待？让人摸不着头脑。然这几于"不可解"的剧情，在这个荒诞的社会里，自有其意义在。你去慢慢琢磨吧。

诗词以及其他文学艺术作品之所以常常"无达诂"和"不可解"，或者说介于可解不可解之间，原因是多方面的，最主要的是以下这样几条。

一是就文学艺术特性而言，它要表现人的情感（当然不只是表现情感），而人的情感是最复杂多变的，常常让人费尽心思捉摸不透。

二是由文学艺术特性所决定，文学艺术语言与科学语言比较起来，是多义的，有时其意义是"游弋"的。譬如辛弃疾词《寻芳草·调陈莘叟忆内》："有得许多泪，更闲却许多鸳被。枕头儿放处都不是，旧家时怎生睡？　更也没书来，那堪被雁儿调戏？道无书却有书中意，排几个人人字。"词中的"雁儿"，既是自然界的大雁，也是传信的雁儿，在下半阕，它的意思来回游弋，要凭读者把握。再如

---

① 董仲舒《春秋繁露》卷三《精华》曰："《诗》无达诂，《易》无达占，《春秋》无达辞。"

何其芳诗《我们最伟大的节日》第一句："中华人民共和国/在隆隆的雷声里诞生。"这"隆隆的雷声",既是自然界的,也是社会革命的。作者在这首诗的小序中说:"一九四九年九月二十一日,中国人民政治协商会议第一届全体会议在北京开幕。毛泽东主席在开幕词中说:'我们团结起来,以人民解放战争和人民大革命打倒了内外压迫者,宣布中华人民共和国的成立了。'他讲话以后,一阵短促的暴风雨突然来临,我们坐在会场里面也听到了由远而近的雷声。"显然,何其芳诗中所写,既指"暴风雨突然来临"时天空中"由远而近的雷声",也指诗人在会场所听到的毛主席"宣布中华人民共和国的成立"这种社会的雷声。这两种"雷声"在诗中交融在一起。

三是诗词写的往往是作者片刻感受、刹那领悟,或者是一时难于界定、难以说清的缕缕情思,譬如李清照那首《武陵春》:"风住尘香花已尽,日晚倦梳头。物是人非事事休,欲语泪先流。 闻说双溪春尚好,也拟泛轻舟。只恐双溪舴艋舟,载不动、许多愁。"你看她"日晚倦梳头""欲语泪先流",想趁"尚好"之春日"泛轻舟",忽儿一变:"只恐双溪舴艋舟,载不动、许多愁"。这变幻莫测的情思,一时谁能说得清楚、说得确切?

四是从接受美学的角度看,读者的个人情况复杂多样,阅读的时间、地点、氛围各不相同,因此对同一篇作品解读也各式各样,很难获得大家统一的理解,因此给人造成诗无达诂、诗无定解的印象。还是以李清照为例,看她最著名的《声声慢》:"寻寻觅觅,冷冷清清,凄凄惨惨戚戚。乍暖还寒时候,最难将息。三杯两盏淡酒,怎敌他晚来风急?雁过也,正伤心,却是旧时相识。 满地黄花堆积,憔悴损,如今有谁堪摘?守着窗儿,独自怎生得黑!梧桐更兼细雨,到黄昏点点滴滴,这次第,怎一个愁字了得!"大多数人都说这首词写于李清照晚年,她在述说国恨家愁的凄凉晚景;但是我的一位老同学、李清照研究家陈祖美研究员却提出不同见解:此乃李清照中年所写,述说她与赵明诚夫妻情感之事。陈祖美自有其根据，我听后觉得不无道理。"有一千个读者就有一千个哈姆雷特"，信然。

五是诗词和其他文学艺术作品本来就应该"言有尽而意无穷"，读者也不可能用"有尽之言"说完"无尽之意"。这应该是"诗无达诂"最基本的理由。

文章忌平与反对套话

《窥词管见》第十一则云："意之曲者词贵直，事之顺者语宜逆，此词家一定之理。不折不回，表里如一之法，以之为人不可无，以之作诗作词，则断断不可有也。"

其实李渔这里说的主要不是"词语贵直"，而是强调填词时应该做到"曲"与"直"互相映衬、互相彰显，即通过"意曲词直""事顺语逆"，以造成变化起伏、跌宕有致的效果，所谓"不折不回，表里如一之法，以之为人不可无，以之作诗作词，则断断不可有也"。此言深得诗词创作之三昧。

譬如李渔自己的一首小令《忆王孙·苦雨》："看花天气雨偏长，徒面青青薜荔墙。燕子愁寒不下梁。惜时光，等得晴来事又忙。"这首小词不过短短三十一个字，五句话；但是波澜回旋，曲折荡漾。先是赏花偏遇天寒雨长，"徒面青青薜荔墙"；等得天暖雨晴，可以趁这好时光看花了，可是"等得晴来事又忙"——又没空赏花了。真是：人有空，天偏没空；天有空，人却没空了。末句"等得晴来事又忙"最有味道。

而且何止诗词需要波澜起伏，大概一切文章的写作，都如此。20世纪70年代，我曾到何其芳同志家请教文章写法，并拿去拙作请他指点。其芳同志的一个重要意见是文章一定要有波澜，要跌宕有致，切忌"一马平川"。他一面说,一面用手比画,做出波澜起伏的样子。其芳同志的言传身授,使我受益终身。

"一气如话"解

唐圭璋先生《词话丛编》给《窥词管见》第十二则加的小标题是"好词当一气如话",准确提示这一则的主旨。李渔说:"作词之家,当以'一气如话'一语,认为四字金丹。"把"一气如话"视为"四字金丹",的确是个精辟见解。

"一气"者,即"少隔绝之痕",也即李渔论戏曲结构时一再强调的要血脉相连而不能有断续之痕。好的艺术作品是活的有机体,是有生命的,是气息贯通的,像一个活蹦乱跳的大活人一样存活在世界上。倘若他的"气"断了,被阻隔了,就有生命之虞。李渔说的"一气",即后来王国维《人间词话》中说的"不隔":"问隔与不隔之别。曰:陶谢之诗不隔,延年则稍隔矣;东坡之诗不隔,山谷则稍隔矣。'池塘生春草'、'空梁落燕泥'等二句,妙处唯在不隔。词亦如是,即以一人一词论,如欧阳公《少年游·咏春草》上半阕云:'阑干十二独凭春,晴碧远连云。二月,千里万里,三月,行色苦愁人。'语语都在目前,便是不隔。至云'谢家池上,江淹浦畔',则隔矣。白石《翠楼吟》'此地。宜有词仙,拥素云黄鹤,与君游戏。玉梯凝望久,叹芳草、萋萋千里。'便是不隔;至'酒祓清愁,花消英气',则隔矣。然南宋词虽不隔处,比之前人,自有浅深厚薄之别。"我们赋诗填词作文,一定要时常吃些"顺气丸",使气息畅通无阻,变"隔"为"不隔"。李渔还指出:"大约言情易得贯穿,说景难逃琐碎,小令易于条达,长调难免凑补。"针对此病,李渔以自己填词的实践经验授初学者以"秘方":"总是认定开首一句为主,为二句之材料，不用别寻，即在开首一句中想出。如此相因而下，直至结尾，则不求'一气'而自成'一气'，且省却几许淘摸工夫。"我说李渔此方，不过是枝枝节节的小伎俩而已，不能解决根本问题。要"一气"，最根本的是思想感情的流畅贯通。假如对事物之观察体悟，能够达到"烂熟于心"的程度，再附之李渔所说之方，大概就真能做到"不求'一气'而自成'一气'"了。

"如话"，李渔说是"无隐晦之弊"。其实"如话"不仅是通常所谓通俗可解，不晦涩；更重要的是生动自然，不做作。李渔自己也说："千古好文章，总是说话，只多者、也、之、乎数字耳。"又说："'如话'则勿作文字做，并勿作填词做，竟作与人面谈；又勿作与文人面谈，而与妻孥臧获辈面谈。"李渔自己就有不少如"说话""面谈"的词，像《水调歌头·中秋夜金阊泛舟》："载酒复载月，招友更招僧。不登虎阜则已，登必待天明。上半夜嫌鼎沸，中半夜愁轰饮，诗赋总难成。不到鸡鸣后，鹤梦未全醒。　归来后，诗易作，景难凭。舍真就假，何事搁笔费经营？况是老无记性，过眼便同隔世，五鼓忘三更。就景挥毫处，暗助有山灵。"这样的"说话""面谈"不仅是为了通俗晓畅，更重要的是它自自然然而绝不忸怩作态。假如一个人端起架子来赋诗填词作文，刻意找些奇词妙句，那肯定出不来上等作品。

更重要的是，"一气如话"这四字金丹，表达了李渔一生孜孜追求的一种理想的艺术创作境界，即为文作诗填词制曲，都要达到自然天成，"云所欲云而止，如候虫宵犬，有触即鸣"的程度。[①] 李渔所

[①] 李渔《〈一家言〉释义》（即他为自编的《笠翁一家言》初集所写的自序）这样说："凡余所为诗文杂著，未经绳墨，不中体裁，上不取法于古，中不求肖于今，下不觊传于后，不过自为一家，云所欲云而止。如候虫宵犬，有触即鸣，非有摹仿、希冀于其中也。摹仿则必求工，希冀之念一生，势必千妍万态，以求免于拙；窃虑工多拙少之后，尽丧其为我矣。虫之惊秋，犬之遇警，斯何时也，而能择声以发乎？如能择声以发，则可不吠不鸣矣。"见《李渔全集》第一卷，浙江古籍出版社，1991，第4页。

说的这种"云所欲云而止,如候虫宵犬,有触即鸣",也是继承了苏东坡关于作文"如行云流水,初无定质,但常行于所当行,常止于所不可不止"①的有关思想。

李渔还用另一词表达他的这种思想,即"天籁自鸣":"无意为联,而适得口头二语颂扬明德,所谓天籁自鸣,榜之清署,以代国门之悬。有能易一字者,愿北面事之。"② 这种所谓"天籁自鸣",就是要求艺术创作,都要似天工造就,犹如鬼斧神工,不能有人工痕迹。

为什么艺术创作的理想境界是"天籁自鸣"、自然天成?因为凡是真正的艺术品,其实不是"制作"出来的,而是像一个活生生的人的生命,由胎儿、出生,再由婴儿、童年、青年、壮年……自然而然长成的一个有血有肉的、有感情有意志能思维的生命存在。我记得20世纪50年代,我的大学老师孙昌熙教授在课堂上曾讲过一个寓意深刻的笑话,说是一个无病呻吟的秀才作文章,抓耳挠腮作不出来,秀才娘子在一旁看他痛苦的样子,忍不住说,你作文章难道比我生孩子还难吗?秀才说,难。你生孩子,肚子里有;我作文章,肚子里没有。关键在于"肚子里""有"还是"没有",而艺术创作必须"肚子里有"。只要"肚子里有",就能自然而然孕育出一个活生生的新生命。

岂止赋诗填词作文如此,其他艺术样式也一样,例如唱歌。在2008年第十三届全国青年歌手大奖赛第二现场,作为嘉宾主持的歌唱家蒋大为告诫歌手:你不要端着架子唱,而要把唱歌当作说话。

我为什么喜欢杨绛先生的散文,例如她的《干校六记》?就因为读杨绛这些文章,如同"文化大革命"期间我们做邻居时,她在学部大院七号楼前同我五岁的女儿开玩笑,同我拉家常话,娓娓道来,自然

---

① 苏轼:《答谢民师书》,《苏东坡集》后集卷十四。苏轼在另一篇文章《文说》中也表达了类似的意思:"吾文如万斛泉源,不择地皆可出,在平地滔滔汩汩,虽一日千里无难。及其与山石曲折,随物赋形,而不可知也。所可知者,常行于所当行,常止于不可不止。"(《苏东坡集》后集卷五十七)

② 《与曹峨眉中翰》,《李渔全集》第一卷,浙江古籍出版社,1991,第202页。

亲切，平和晓畅而又风趣盎然。这与读别的作家的散文，感觉不一样，例如杨朔。杨朔的散文当然也自有其魅力，但是总觉得他是站在舞台上给你朗诵，而且是化了装、带表演的朗诵；同时我还觉得他朗诵时虽然竭力学着使用普通话，但又时时露出他的家乡山东蓬莱的腔调。

"越界"与由诗变词之机制

《窥词管见》第十八则说："句用'也'字歇脚，在叶韵处则可，若泛作助语词，用在不叶韵之上数句，亦非所宜。盖曲中原有数调，一定用'也'字歇脚之体。既有此体，即宜避之，不避则犯其调矣。如词曲内有用'也啰'二字歇脚者，制曲之人，即奉为金科玉律，有敢于此曲之外，再用'也啰'二字者乎？词与曲接壤，不得不严其畛域。"

由"'也'字歇脚"和"'也啰'二字歇脚"，李渔谈到"词与曲接壤"和"不得不严其畛域"的问题。而由诗、词、曲这些文学样式之间的"接壤"和"畛域"，我联想到一个大问题，即文学样式之间的衍变问题，具体说，诗如何衍变为词、诗词如何衍变为曲的问题。再进一步，也即词的发生、曲的发生之社会机制、文化机制以及文学艺术本身内在机制的问题。

各种文体或文学样式之间，的确有相对确定的"畛域"，同时又有相对模糊的"接壤"地带。而随着现实生活和艺术本身的发展，又常常发生"越界"现象。起初，"越界"是偶然出现的；但是后来"越界"现象愈来愈多，逐渐变成常态，于是，一种新的文体或文学样式可能就诞生了。文学艺术史上，由诗到词，由诗词到曲，就是这么来的。

这种"越界"现象发生的根源是什么？譬如，具体到本文所论，为何会由诗到词，又为何由诗词到曲？以鄙见，有其社会机制、文化机制以及文学艺术内在机制的原因。

从社会文化角度考察，由诗到词、由诗词到曲这种文学现象的变化，表面看起来与整个社会结构变化离得很远，与整个社会文化生活发展变化离得也较远；实则有其深层关联。史界许多学者逐渐取得一种共识：中国古代社会中期，魏晋南北朝、隋唐、宋元，总体说由纯粹农业社会逐渐变为包含越来越多城市乡镇商业因素的社会，社会生活逐渐由贵族化向平民化发展；随之，社会居民成分也发生变化，除贵族-地主（以及士大夫知识阶层）、农民之外，市民阶层逐渐壮大起来。与此相关，市民化生活特别是市民娱乐文化生活逐渐兴起并发展起来，其中包括妓女文化在内的娱乐文化兴盛发展起来。隋代奴隶娼妓与家妓并行，唐宋官妓盛行，以后则市妓风靡，城市乡镇妓女娱乐文化空前发展繁荣。

这就为由诗到词和由诗词到曲的变化提供了社会文化土壤，也即其社会文化之机制。

下面再说由诗到词的变化之文艺本身的内在机制。

大多数人都认为词本为"艳科"，词的产生和发展，与人们的娱乐生活关系密切；同时，词最初阶段与歌唱不可分割，而歌唱与娼妓文化又总是联系在一起的。[①] 唐时，娼妓常常在旗亭、酒肆歌诗，诗人也常常携妓出游，或在旗亭、酒肆听娼妓歌诗。宋王灼《碧鸡漫志》卷一云："开元中，诗人王昌龄、高适、王之涣诣旗亭饮。梨园伶官亦招妓聚燕，三人私约曰：'我辈擅诗名，未定甲乙，试观诸伶讴诗，分优劣。'一伶唱昌龄二绝句云：'寒雨连江夜入吴。平明送客楚帆孤。洛阳亲友如相问，一片冰心在玉壶。''奉帚平明金殿开。强将团扇共徘徊。玉颜不及寒鸦色，犹带昭阳日影来。'一伶唱适绝句云：'开箧泪沾臆，见君前日书。夜台何寂寞，犹是子云居。'之涣曰：'佳妓所唱，如非我诗，终身不敢与子争衡。不然，子等列拜床

[①] 宋人丁度《集韵》说："倡，乐也，或从女。"明人张自烈《正字通》说："倡，倡优女乐，别作娼。"

下。'须臾妓唱:'黄河远上白云间。一片孤城万仞山。羌笛何须怨杨柳,春风不度玉门关。'之涣揶揄二子曰:'田舍奴,我岂妄哉。'以此知李唐伶伎,取当时名士诗句入歌曲,盖常俗也。"又云:"白乐天守杭,元微之赠云:'休遣玲珑唱我诗。我诗多是别君辞。'自注云:'乐人高玲珑能歌,歌予数十诗。'乐天亦醉戏诸妓云:'席上争飞使君酒,歌中多唱舍人诗。'又闻歌妓唱前郡守严郎中诗云:'已留旧政布中和。又付新诗与艳歌。'元微之见人咏韩舍人新律诗,戏赠云:'轻新便妓唱,凝妙入僧禅。'"可见唐时妓女歌诗之盛。所歌之诗,就是最初的词,或者说逐渐演变为词。因为最初的词与便于歌唱的诗几乎没有什么区别。《苕溪渔隐词话》卷二有云:"唐初歌辞多是五言诗,或七言诗,初无长短句。……今所存止瑞鹧鸪、小秦王二阕,是七言八句诗,并七言绝句诗而已。"之后,苕溪渔隐紧接着指出,为了便于歌唱,就要对原有七言或五言加字或减字:"瑞鹧鸪犹依字易歌,若小秦王必须杂以虚声,乃可歌耳。"这样,"渐变成长短句"。这里举一个宋代由诗衍变为长短句的例子,也许可以想见最初诗变为词的情形。宋吴曾《能改斋词话》卷一:"唐钱起湘灵鼓瑟诗,末句'曲终人不见,江上数峰青',秦少游尝用以填词云:'千里潇湘挼蓝浦,兰桡昔日曾经。月高风定露华清。微波澄不动,冷浸一天星。独倚危樯情悄悄,遥闻妃瑟泠泠。新声含尽古今情。曲终人不见,江上数峰青。'滕子京亦尝在巴陵,以前句填词云:'湖水连天天连水,秋来分外澄清,君山自是小蓬瀛。气蒸云梦泽,波撼岳阳城。帝子有灵能鼓瑟,凄然依旧伤情。微闻兰芷动芳馨。曲终人不见,江上数峰青。'"秦少游和滕子京就是这样在钱起原诗基础上增加语句而使之成为词。由此推想:最初(譬如隋唐时)可能只是对原来的五言或七言诗增减几个字或"杂以虚声",就逐渐使原来的诗变为小秦王或瑞鹧鸪——变为"曲子词"。李渔《窥词管见》第二则也说到类似意见:"但有名则为词,而考其体段,按其声律,则又俨然一诗,

47

觅相去之垠而不得者。如《生查子》前后二段，与两首五言绝句何异。《竹枝》第二体、《柳枝》第一体、《小秦王》、《清平调》、《八拍蛮》、《阿那曲》，与一首七言绝句何异。《玉楼春》、《采莲子》，与两首七言绝句何异。《字字双》亦与七言绝同，只有每句叠一字之别。《瑞鹧鸪》即七言律，《鹧鸪天》亦即七言律，惟减第五句之一字。"值得注意的是，李渔在说到《字字双》和《瑞鹧鸪》时，指出《字字双》与七言绝"只有每句叠一字之别"。这"每句叠一字"和"惟减第五句之一字"就是由诗变词的关键。李渔推测："昔日诗变为词，定由此数调始。取诗之协律便歌者，被诸管弦，得此数首，因其可词而词之，则今日之词名，仍是昔日之诗题耳。"我很赞同李渔的这个观点。

这是由诗变为词的文学艺术本身之内在机制。

精通音律之李渔

李渔真是填词老手和高手，且十分精通音律，这在《闲情偶寄·词曲部·音律第三》"慎用上声"条已经表现出来："平上去入四声，惟上声一音最别。用之词曲，较他音独低，用之宾白，又较他音独高。填词者每用此声，最宜斟酌。此声利于幽静之词，不利于发扬之曲；即幽静之词，亦宜偶用、间用，切忌一句之中连用二、三、四字。盖曲到上声字，不求低而自低，不低则此字唱不出口。如十数字高而忽有一字之低，亦觉抑扬有致；若重复数字皆低，则不特无音，且无曲矣。至于发扬之曲，每到吃紧关头，即当用阴字①，而易以阳字尚不发调，况为上声之极细者乎？予尝谓物有雌雄，字亦有雌雄。平去入三声以及阴字，乃字与声之雄飞者也；上声及阳字，乃字与声之雌伏者也。此理不明，难于制曲。初学填词者，每犯抑扬倒置之

---

① 阴字：阴声字，大都尾韵为元音。后面所说阳字，即阳声字，大都尾音为辅音。

病,其故何居?正为上声之字入曲低,而入白反高耳。词人之能度曲者,世间颇少。其握管捻髭之际,大约口内吟哦,皆同说话,每逢此字,即作高声;且上声之字出口最亮,入耳极清,因其高而且清,清而且亮,自然得意疾书。孰知唱曲之道与此相反,念来高者,唱出反低,此文人妙曲利于案头,而不利于场上之通病也。"在《窥词管见》第十九则中李渔又说:"填词之难,难于拗句。拗句之难,只为一句之中,或仄多平少、平多仄少,或当平反仄、当仄反平,利于口者叛乎格,虽有警句,无所用之,此词人之厄也。予向有一法,以济其穷,已悉之《闲情偶寄》。恐有未尽阅者,不妨再见于此书。四声之内,平止得一,而仄居其三。人但知上去入三声,皆丽乎仄,而不知上之为声,虽与去入无异,而实可介乎平仄之间。以其另有一种声音,杂之去入之中,大有泾渭,且若平声未远者。古人造字审音,使居平仄之介,明明是一过文,由平至仄,从此始也。譬之四方乡音,随地各别,吴有吴音,越有越语,相去不啻河汉。而一到接壤之处,则吴越之音相半,吴人听之觉其同,越人听之亦不觉其异。九州八极,无一不然。此即声音之过文,犹上声介乎平去入之间也。词家当明是理,凡遇一句之中,当连用数仄者,须以上声字间之,则似可以代平,拗而不觉其拗矣。若连用数平字,虽不可以之代平,亦于此句仄声字内,用一上声字间之,即与纯用去入者有别,亦似可以代平。最忌连用数去声,或入声,并去入亦不相间,则是期期艾艾之文,读其词者,与听口吃之人说话无异矣。"

三百多年前的李渔没有今天我们所具有的科学手段和科学知识,但他从长期戏曲创作和诗词创作实践中,深刻掌握了语言音韵的规律,以及在戏曲创作和诗词创作中的具体运用(包括下面的第二十则"不用韵之句"的作法,第二十一则"词忌二句合音"等问题),非常了不起。我不懂音律,但我建议今天的语言学家、音韵学家、戏曲作家、戏曲演员和导演,仔细读读李渔《窥词管见》和《闲情偶寄》

中这几段文字,研究和把握其中奥秘。

由"宜唱"到"耐读"

《窥词管见》从第十八则起直到篇终共五则,主要谈词的韵律等问题:第十八则谈"也字歇脚",第十九则谈"拗句之难",第二十则谈"用韵宜守律",第二十一则谈"词忌二句合音",第二十二则谈"词宜耐读",总的说来,大约都不离押韵、协律这一话题。

中国是诗的国度,中华民族是以诗见长的民族。广义的诗包括古歌[①]、诗三百[②]、乐府、赋、歌行、律诗、词、曲等。

中华民族的远古诗歌都和音乐、舞蹈联系在一起,或者说,最初诗、乐、舞是三位一体的。譬如《吴越春秋·弹歌》"断竹,续竹,飞土,逐肉"之类最原始的歌谣虽然只是"徒歌"(即没有歌谱和曲调的徒口歌唱),但这简单的歌词是载歌载舞表现出来的,因此这里面应该既有诗,也有乐,还有舞。诗、乐、舞三位一体表现得更充分(至少让我们后人看得更清楚)的是《吕氏春秋·古乐》:"昔葛天氏之乐,三人操牛尾,投足以歌八阕,一曰载民,二曰玄鸟,三曰遂草木,四曰奋五谷,五曰敬天常,六曰建帝功,七曰依地德,八曰总禽兽之极。"这里面有"乐"(所谓"葛天氏之乐"),有"诗"(所谓"载民""玄鸟"等八个方面内容的歌词),有"舞"(所谓"三人操牛尾,投足以歌八阕")。宋代王灼《碧鸡漫志》卷一"歌曲所起"条引经据典,从歌曲起源角度论述了诗、乐、舞"三位一体"的情

---

① 如《吴越春秋·弹歌》"断竹,续竹,飞土,逐肉"之类。
② 《史记·孔子世家》说:"古者诗三千余篇,及至孔子,去其重,取可施于礼义,上采契后稷,中述殷周之盛,至幽厉之缺,始于衽席,故曰'关雎之乱以为风始,鹿鸣为小雅始,文王为大雅始,清庙为颂始'。三百五篇孔子皆弦歌之,以求合韶武雅颂之音。礼乐自此可得而述,以备王道,成六艺。"

况。他从《舜典》之"诗言志,歌永言,声依永,律和声",到《诗序》之"在心为志,发言为诗,情动于中,而形于言。言之不足,故嗟叹之,嗟叹之不足,故永歌之,永歌之不足,不知手之舞之足之蹈之",再到《乐记》之"诗言其志,歌咏其声,舞动其容,三者本于心,然后乐器从之",得出结论:"故有心则有诗,有诗则有歌,有歌则有声律,有声律则有乐歌。永言即诗也,非于诗外求歌也。"王灼的意思是说,远古歌谣,诗亦歌(乐),歌(乐)亦舞,诗、乐、舞三者天然地纠缠在一起,是很难划分的。

但是,远古时代的歌谣不一定有什么伴奏,也不一定能诵读。后来,例如到"诗三百"时代,则像《墨子·公孟篇》所说:儒者"诵诗三百,弦诗三百,歌诗三百,舞诗三百"。由此可见,最晚到春秋战国时代,"诵诗""弦诗""歌诗""舞诗",可以分别进行。这时,诗、乐、舞有所分化,相对独立。以我臆测,"诵诗",大约是吟诵、朗读。"歌诗",大概是用某种曲调唱诗、吟诗。"弦诗"大概是有音乐伴奏的唱诗、诵诗或吟诗。"舞诗"大约是配着舞蹈来唱诗、诵诗或吟诗。"诵""弦""歌""舞"应该有所区别,它们可以互相结合,也可以相对独立。《左传·襄公二十九年》吴公子札观周乐,使工分别为之"歌"和"舞"《周南》《召南》等诗,而没有说"诵"和"弦",这说明"诵""弦""歌""舞"是相对独立的,它们可以分别进行表演;但它们又常常连在一起,如《史记·孔子世家》说"三百五篇孔子皆弦歌之",就把"弦"与"歌"连用称为"弦歌"。再到后来,中华民族的众多诗歌形态,又有了进一步变化,也可以说在一定程度上又有了进一步发展和分化。有的诗主要被歌唱(当然也不是完全不可以诵读),如乐府和一些民歌等,《碧鸡漫志》卷一"歌曲所起"条说"古诗或名曰乐府,谓诗之可歌也,故乐府中有歌有谣,有吟有引,有行有曲";有的诗主要被诵读(当然也不是完全不可以歌唱),这就是后人所谓"徒诗",如古诗十九首、汉赋、三曹和七子的诗以及唐诗等。有些诗歌，原来主要是唱的（如"诗三百"），后世（直到今天）则主要对之诵读；原来歌唱的汉魏乐府诗歌，后来也主要是诵读。清末学者陈洵《海绡说词·通论》"本诗"条说："诗三百篇，皆入乐者也。汉魏以来，有徒诗，有乐府，而诗与乐分矣。"

"诗与乐分矣"这个说法，虽不能那么绝对，但大体符合事实。而且有的诗歌形式，开始时主要被歌唱，到后来则逐渐发展为主要被吟诵或诵读，"诗"与"乐"分离开来，诗自诗矣，而"乐"则另有所属，如"诗三百"和乐府诗即如此。词亦如是——从词的孕生、发展、成熟的过程可以得到印证。词孕生于隋唐（更有人认为词滥觞于"六朝"），成熟于五代，盛于两宋，衰于元明，复兴于清。不管主张词起于何时，有一点是共同的：最初的词都是歌唱的，即"诗"与"乐"紧密结合在一起。清代王奕清《历代词话》卷一引宋人《曲洧旧闻》谈词的起源时说："梁武帝有江南弄，陈后主有玉树后庭花，隋炀帝有夜饮朝眠曲。"如果说这是初期的词，那么它们都是用来歌唱的。清代汪森《词综序》云"当开元盛时，王之涣等诗句，流播旗亭，而李白菩萨蛮等词，亦被之歌曲"，认为唐时的"长短句"也是"诗""乐"一体的。况周颐《蕙风词话》卷一"词非诗之剩义"条云："唐人朝成一诗，夕付管弦，往往声希节促，则加入和声。凡和声皆以实字填之，遂成为词。"陈洵《海绡说词·通论》"本诗"条也说："唐之诗人，变五七言为长短句，制新律而系之词，盖将合徒诗、乐府而为之，以上窥国子弦歌之教。"他们都从词的具体诞生机制上揭示出词与乐的关系。到词最成熟、最兴盛的五代和宋朝，许多人都认为"本色"的词与音乐是须臾不能分离的。李清照提出词"别是一家"，主要从词与音乐的关系着眼。词"别是一家"，与谁相"别"？"诗"也。在李清照看来，"诗"主要是被吟诵或诵读的，而词则要歌唱，故"诗文分平侧，而歌词分五音，又分五声，又分六律，又分清浊轻重"，总之词特别讲究音律。她点名批评"晏元献、欧阳永叔、苏子瞻"这些填词名家的某些词"不协音律","皆句读不葺之诗耳";又批评"王介甫、曾子固文章似西汉,若作一小歌词,则人必绝倒,不可读也。乃知词别是一家,知之者少"。稍早于李清照的陈师道在《后山诗话》中也批评"子瞻以诗为词,如教坊雷大使之舞,虽极天下之工,要非本色"。宋代词人谁最懂音律?从填词实践上说是周美成、姜白石;而从理论阐发上说,张炎《词源》讲词之音律问题最详。他们是大词人,同时是大音乐家。

大约从元代或宋元之间开始,词逐渐有了与"乐"分离的倾向,而"乐"逐渐属之"曲"。以此,词逐渐过渡到曲。清代宋翔凤《乐府余论》云:"宋元之间,词与曲一也。以文写之则为词,以声度之则为曲。"这里透露出一个信息:"宋元之间"起,词就逐渐与"文"相联系,而曲则与"声"靠近,就是说词从歌唱逐渐变为吟诵或诵读,而歌唱的任务则转移到曲身上了。至明清之际,这种变化更为明显。沈雄《古今词话·词品下卷·读词》云:"徐渭曰:读词如冷水浇背,陡然一惊,便是兴观群怨,应是为傭言借貌一流人说法。"从徐渭"读词"之用语,可见明代已经开始在"读"词了。[1]

---

[1] 我的上述意见得到我的年轻的同事和朋友刘方喜研究员的赞同,他看后写了一封电子邮件给我:"您的《窥词管见》评点我匆匆看了一遍,感觉很好,最后一条评点涉及诗歌与音乐的关系,因为在这方面我曾搜集过不少材料,提一下供您参考。(1)墨子'诵诗三百,弦诗三百,歌诗三百,舞诗三百'云云,您的理解是非常准确的,这表明诗乐舞三者有分有合,从合的方面来看,我曾经有个主观臆测性的说法:诗三百既是文学作品集(诵诗),同时也是乐谱集(弦诗、歌诗)、舞谱集(舞诗),而不是讲有四种类型的诗(若如此就该有1200首诗了),我这个说法更强调'合'的一面。(2)我觉得诗歌与音乐分家的一个转折点是沈约定四声,我觉得您在描述中可以把这个点一下。(3)诗乐交融的艺术形式,一般认为'宋词'是接着'汉乐府'的,任半塘提出'唐声诗'的概念,我觉得大致是可以成立的,您可以考虑在历史描述中将这个概念添加进去。此外,不光宋'词'今天只能'读'了,元代之'曲'今天也只能'读'了,这也可以点一下。我在做博士论文的时候这方面还是写了不少内容,现在出的这本书《声情说》许多内容都没收进去,跟黑熊掰棒子似的,捡一点丢一点,只好以后慢慢再做了,一笑。《声情说》还是收录了一些材料,第六章诗经学'永言'与'言之不足'疏的'四、因诗为乐疏'(该书第156~164页)部分有所涉及,您有空可以翻看一下。这话题非常繁难,您在评点中当然也没有必要太纠缠。其余部分我会再认真阅读,有想法再和您交流。"

清初文坛领袖王士禛《花草蒙拾》云:"宋诸名家,要皆妙解丝肉,精于抑扬抗坠之间,故能意在笔先,声协字表。今人不解音律,勿论不能创调,即按谱征词,亦格格有心手不相赴之病,欲与古人较工拙于毫厘,难矣。"由此可见清初文人不像宋人那么着意于词之音律(说"今人不解音律"也许太绝对)。江顺诒《词学集成》卷一也说"今人(清代)之词",不可"入乐"。词在明清之际,特别是在清代,逐渐变为以吟诵和诵读为主,大概是不争的事实。所以李渔《窥词管见》第二十二则才说:"曲宜耐唱,词宜耐读,耐唱与耐读有相同处,有绝不相同处。盖同一字也,读是此音,而唱入曲中,全与此音不合者,故不得不为歌儿体贴,宁使读时碍口,以图歌时利吻。词则全为吟诵而设,止求便读而已。"至晚清,况周颐《蕙风词话》卷一亦云:"学填词,先学读词。抑扬顿挫,心领神会。日久,胸次郁勃,信手拈来,自然丰神谐鬯矣。"至此,"读词"几成常态。

当然,清代以至后来的词也有音韵问题[①],就像诗也有音韵问题一样,李渔还撰写了《笠翁词韵》和《笠翁诗韵》;但这与唐、五代、两宋时以歌唱为主的词之音律,究竟不同。

到今天,词几乎与乐曲脱离,已经完全成了一种文学体裁;填词像写古诗一样,几乎完全成了一种文学创作。

[①] 清代丁绍仪《听秋声馆词话》卷一开头就说"填词最宜讲究格调":"自来诗家,或主性灵,或矜才学,或讲格调,往往是丹非素。词则三者缺一不可。盖不曰赋、曰吟,而曰填,则格调最宜讲究。否则去上不分,平仄任意,可以娱俗目,不能欺识者。"

李笠翁词话

一

刘世德先生在为拙著《闲情偶寄·窥词管见》校注本作的序中称李渔为中国古代文学史上的一位"大家"。他说:"我心目中的大家,是那些文坛上的多面手。在他们生前,为文学艺术的繁荣和发展贡献着自己的力量。在他们身后,给后人留下了丰富的、有价值的文化遗产。"[1] 李渔确是名副其实的多面手,他除了在戏曲上获得世所公认的重大成就[2]之外,在小说、园林、诗词等方面也都有值得称道的贡献。而且他不但勤于创作,还善于理论思考,对于戏曲、园林、仪容等的理论阐发主要见于《闲情偶寄》,而关于词,则集中体现于《窥

---

[1] 刘世德:《序》,见《闲情偶寄·窥词管见》(李渔撰,杜书瀛校注)卷首,中国社会科学出版社,2008。

[2] 近代戏曲大师吴梅在《中国戏曲概论·清总论》(上海大东书局民国十五年版,近有中国人民大学出版社2004年版和江苏文艺出版社2008年版)中说:"清人戏曲,大抵顺康间以骏公、西堂、又陵、红友为能,而最著者厥惟笠翁。翁所撰述,虽涉俳谐,而排场生动,实为一朝之冠。"

词管见》、《耐歌词·自序》以及《笠翁词韵·词韵例言》中。

遗憾的是，对李渔《窥词管见》这部重要的词学理论著作，过去关注较少，据我所知，只有少数几篇专题论文涉及它，如发表于1927年《燕大月刊》上的顾敦鍒《李笠翁词学》[1]，近年邬国平《李渔对文学特性的认识——兼论〈窥词管见〉》[2]，武俊红《论李渔〈窥词管见〉》[3]，等等。还有一些论著，如方智范、邓乔彬等四人合著的《中国词学批评史》（中国社会科学出版社，1994）下编第一章的"概况"和第一节，谢桃坊《中国词学史》（巴蜀书社，2002），朱崇才《词话史》（中华书局，2006）第九章"清前期词话"等，对《窥词管见》或做简介和简评，或只略提几句；周振甫先生《诗词例话》也引用了《窥词管见》的一些话，提到《窥词管见》批评"红杏枝头春意闹"的意见。但是，对《窥词管见》的重视不够。

2011年李渔诞辰400周年纪念活动在浙江兰溪隆重举行，2014年李渔被作为"中国历史文化名人"，他的传记也随后出版，李渔越来越受到海内外广泛关注，过去不太被注意的《窥词管见》也应该认真予以研究，挖掘其历史价值和学术价值，并给予其词学史上的适当地位。

二

《窥词管见》作为李渔"词话"之名，来自现代著名词学家唐圭璋先生。数十年前，唐先生《词话丛编》把李渔《窥词管见》作为清

---

[1] 见《燕大月刊》第一卷第二至四期（1927年11月至1928年1月）。
[2] 见《古代文学理论研究丛刊》第十四辑，古代文学理论研究编委会编，上海古籍出版社，1989。
[3] 见《邢台学院学报》2008年第2期。

代第一种词话编入其中，①使其在词话史和词学史上，占有了一席之地。但是将李渔《窥词管见》作为单行本，与《李笠翁曲话》并列而命为《李笠翁词话》，加以注释评析，我乃第一人。

《窥词管见》共二十二则，原刊于康熙十七年（1678）翼圣堂刻李渔词集《耐歌词》之卷首。

笠翁之词集，最早收入康熙十二年（1673）夏编定的翼圣堂刻《笠翁一家言》初集，名为"诗余"，绝大多数是小令，仅有三首中调和一首长调。②这是李渔在康熙十二年夏以前的词作。初集刊刻时，李渔尚未撰写《窥词管见》，大约也没有其他论词的文字。又过了四年或五年，即康熙十六年或十七年，李渔乃编成他的词作总集，命为《耐歌词》，共119调近370首；卷首出现《窥词管见》。李渔为《耐歌词》写了自序，序末署"时康熙戊午中秋前十日，湖上笠翁李渔漫题"。"康熙戊午"，即康熙十七年，李渔六十八岁。可见，《窥词管见》撰写于康熙十六年左右，或至迟康熙十七年。一两年之后，李渔辞世。

据有关专家考证，《耐歌词》最早应是单独印行，并未收入康熙十七年李渔亲手编成刊行的《笠翁一家言》二集之中，个中原因并不清楚，也许是因二集编于《耐歌词》之后？

以上是李渔在世时的词集刊行情况。

---

① 唐圭璋《词话丛编》1934年自费梓印，叶恭绰题签，吴梅为之序，称"此书洵词林巨制，艺苑之功臣"，线装本，收词话60种；中华书局于1986年补正再版，收词话达85种。《窥词管见》见《词话丛编》，中华书局，1986，第547~560页。
② 将词分为小令、中调、长调，来自李渔的好友词学家毛先舒（字稚黄）《填词名解》：58字以内为小令，59~90字为中调，91字以外为长调（《填词名解》载入康熙十九年即公元1680年印行的《词学全书》，1984年北京中国书店据木石居校本影印）。但与毛稚黄同时的词学家先著，程洪撰《词洁辑评·词洁发凡》就说出不同意见："词无长调、中调之名，不过曰'令'、曰'慢'而已。"（唐圭璋编《词话丛编》，中华书局，1986，第1330页）今人王力《汉语诗律学》则主张以62字为界，分为小令和慢词。也有按段分类：单调（一片）、双调（二片，即二段）、三叠（三片，即三段）、四叠（四片，即四段）。还有其他分法。但是，所有这些分类，都存在诸多争议。列出诸说，聊备读者一阅而已。

李渔生前，并未编辑出版过《笠翁一家言全集》[①]。李渔死后五十年，即雍正八年（1730），芥子园主人重新编辑李渔的著作，将笠翁手编《一家言》初集、二集，以及《耐歌词》、《论古》、《闲情偶寄》等，合并在一起，出版了《笠翁一家言全集》（但是笠翁在编辑《一家言》二集后至逝世前所写的几篇文章，如《千古奇闻·序》、醉耕堂刊本《三国志演义·序》、《芥子园画传·序》等，都没有收进去），其卷八为词集，但将《耐歌词》改称《笠翁余集》，而《窥词管见》仍刊之。

三

关于词的起源、发展、成熟、繁盛、衰落、复兴等问题，历来众说纷纭，各种说法自有一定的道理。我大体赞成这样一种看法（这也是古往今来相当多的论者所持的占主流地位的观点）：词，它最初的（或较早的）名字应该叫作"今曲子"或"曲子词"，[②] 孕生于隋唐，成熟于五代，盛于两宋，衰于元明，[③] 复兴于清（持此类意见者又有许多细微的不同，此处恕不详说）。

自从有了文学艺术上的新品种"词"，也就有了对它的研究和

[①] 关于李渔在世时是否亲自编辑出版过《笠翁一家言全集》，有争论。孙楷第在《李笠翁与十二楼》、黄强在《李渔研究》中认为李渔生前没有编辑出版过全集。而黄强的学生梁喻《笠翁著述三种考述》（2013年扬州大学硕士学位论文）则不同意他老师的意见，认为北京大学所藏康熙十七年翼圣堂刻《笠翁一家言全集》，即是李渔手编。此生可畏，虽稚嫩，但精神可嘉。不过，总的说，黄强的考证依然有说服力。故此处采用孙楷第、黄强说。

[②] 词的名称除"今曲子""曲子词"之外，还有"歌词"、"乐府"、"小歌词"、"长短句"、"诗余"及"倚声"等二十几种，因为它起初以至相当长一段时间里总是与音乐联系在一起，有的学者如胡云翼在20世纪20年代《宋词研究》中按现代观念称之为"音乐的文学"或"音乐文学"。

[③] 对于明词和明词学的评价，近来有学者提出不同意见［见张仲谋《论明词的价值及其研究基础》，《西北师大学报》（社会科学版）2002年第5期］，需要学界认真讨论。

评论——探讨它的源流，界定它的性质、特点，研究它的创作规律，等等。最早的词论文章，当数五代十国时西蜀词人欧阳炯作于大蜀广政三年（后蜀年号），也即公元940年的《花间集序》。[①] 欧阳炯在该文中用骈文俪句，描述了他心目中词的特点，所谓"绮筵公子，绣幌佳人，递叶叶之花笺，文抽丽锦；举纤纤之玉指，拍按香檀。不无清绝之词，用助娇娆之态"——这也是那个时代一般人对词的特性及其作用的看法。就是说，在当时的上层社会，每当朋僚亲旧，燕集欢聚，则作"清绝"、"娇娆"、男欢女悦的乐府歌词，让歌女依丝竹而歌之，所以娱宾而遣兴也；而在市井民间，小唱艺人也在酒楼瓦市、街头巷尾演唱通俗易懂的倚声小调，其内容亦多为男女情爱，迎合百姓的情趣喜好，颇为流行——以至后来北宋末叶梦得在《避暑录话》中说"凡有井水饮处，即能歌柳词"[②]。这就定下了词为"艳科"的基调；其后虽然人们对词体、词性的认识多有变化，但"艳科"之余绪，一直影响了上千年；甚至像李冠《六州歌头》（"骊山"和"项羽庙"）[③] 以及稍晚一些时候苏轼《念奴

---

① 《花间集》：后蜀人赵崇祚编辑的一部词集，共十卷，收录了唐文宗开成元年（836）到后晋高祖天福五年（940）间温庭筠、皇甫松、韦庄、薛昭蕴、牛峤、张泌、毛文锡、牛希济、欧阳炯、和凝、顾敻、孙光宪、魏承班、鹿虔扆、阎选、尹鹗、毛熙震、李珣等十八位词人的五百首词作。后蜀武德军节度判官欧阳炯（也是当时的著名词人，《花间集》作者之一）为之序。

② 宋叶梦得《避暑录话》卷下记载："柳永为举子时，多游狭邪，善为歌辞。教坊乐工每得新腔，必求永为辞，始行于世，于是声传一时。余仕丹徒，尝见一西夏归朝官云：'凡有井水处，即能歌柳词。'"《避暑录话》，有《津逮秘书》《学津讨原》《稗海》等本，收入《四库全书·子部·杂家类》。叶梦得（1077—1148），宋代词人，字少蕴，号石林居士。

③ 李冠：字世英，历城（今济南）人。生卒年均不详，约宋真宗天禧年间（1017—1021）前后在世，比苏轼（1037—1101）约早半个世纪。参见第34页注释①。当然，与李冠差不多同时的范仲淹（989—1052）的《渔家傲·秋思》"塞下秋来风景异，衡阳雁去无留意。四面边声连角起。千嶂里，长烟落日孤城闭。　浊酒一杯家万里，燕然未勒归无计。羌管悠悠霜满地。人不寐，将军白发征夫泪"，以及稍早于苏轼的王安石的《桂枝香·金陵怀古》"登临送目，正故国晚秋，天气初肃。千里澄江似练，翠峰如簇。归帆去棹残阳里，背西风，酒旗斜矗。彩舟云淡，星河鹭起，画图难足。　念往昔，繁华竞逐，叹门外楼头，悲恨相续。千古凭高，对此谩嗟荣辱。六朝旧事随流水，但寒烟、衰草凝绿。至今商女，时时犹唱，后庭遗曲"，其二人在豪放词风的建立上亦有不可磨灭的功绩。

娇》("赤壁怀古")这样革命性地扩大了词的题材、创建豪放词风的一派词人词作,在许多人看来只是词之"变体",而只有以周邦彦等为代表,以清和婉转的软语丽句描写儿女情长、离愁别恨、人生哀怨的婉约一流词人词作才是词之"正宗"。① 明人徐师曾在《文体明辨序说》中云:"至论其词,则有婉约者,有豪放者。婉约者欲其辞情蕴藉,豪放者欲其气象恢弘。盖虽各因其质,而词贵感人,要当以婉约为正。"②

欧阳炯那个时代以及稍后的北宋,人们关于词的论述,很少有专论之文,多是零星的片言只语,散见于各种文章、信札之中,或在论著的序跋里附带提及。譬如北宋苏东坡关于词"自是一家"③的观点,就见于给朋友的信中——宋熙宁八年至十年苏东坡三十九至四十一岁知密州,其间曾作《江城子·密州出猎》,并就此给好友鲜于侁(shēn)写信说:"近却颇作小词,虽无柳七郎风味,亦自是一家。呵呵。数日前,猎于郊外,所获颇多。作得一阕,令东州壮士抵掌顿足而歌之,吹笛击鼓以为节,颇壮观也。"④ 这段话,苏轼主要从他的词与柳永词的比较中,谈两个词家不同的艺术风格和艺术风味,而他的这个观点,或许可看作之后数百年间中国词学史上逐渐成形的所谓"豪放"(人们常常以苏轼为代表)与"婉约"(人们常常以柳永

---

① 王世贞(1526—1590)《艺苑卮言》之"词之正宗与变体"条:"言其业,李氏、晏氏父子、耆卿、子野、美成、少游、易安至矣,词之正宗也。温韦艳而促,黄九精而刻;长公丽而壮,幼安辨而奇,又其次也,词之变体也。"《艺苑卮言》之"隋炀帝《望江南》为词祖"条又云:"故词须宛转绵丽,浅至儇俏,挟春月烟花于闺幨内奏之,一语之艳令人魂绝,一字之工令人色飞,乃为贵耳。至于慷慨磊落、纵横豪爽,抑亦其次,不作可耳。作则宁为大雅罪人,勿儒冠而胡服也。"
② 语见徐师曾(1517—1571)《文体明辨序说》。该文由罗根泽加以新式标点,收入郭绍虞主编《中国古典文学理论批评专著选辑》,人民文学出版社,1962。
③ 苏轼的所谓"自是一家"意思是说,他的词与柳永词比较而言乃自成一种风格,别有一种风味;与后来李清照词"别是一家"不同——李清照乃从词的美学特征处着眼。
④ 苏轼《与鲜于子骏三首》之二,见于《苏轼文集》(卷五十三)第四册,中华书局,1986,第1560页。

为代表）两大词风（或称两大词派）的原始表述。①

　　后来有了专门的"词话"之类的著作。起初，词话不过是供人们饭后茶余"以资闲谈"的消遣文字，例如第一部词话，杨绘的《时贤本事曲子集》，即是如此。杨绘（字元素，号先白）是苏轼的朋友，熙宁七年（1074）杨绘知杭州，苏轼是他的副手即杭州通判，两人是同乡，政见亦相近，遂结下友谊。苏轼贬黄州时②给杨绘的信提到他的这部词话："近一相识，录得明公（指杨绘——笔者注）所编《本事曲子》，足广奇闻，以为闲居之鼓吹也。然窃谓宜更广之，但嘱知识间令各记所闻，即所载日益广矣。辄献三事，更乞拣择，传到百四十许曲，不知传得足否？"③当然，《时贤本事曲子集》（还有其他某些词话）不只"足广奇闻，以为闲居之鼓吹"，而且通过记述词之"本事"，保留了许多有价值的资料。后来词话逐渐成为评词、论词的主要批评形态之一，索求词的起源、评论词人词作、探讨作词方法、讨论词体性质，等等。不过词话并不像西方的文学批评那样讲究逻辑严密的理性思维，而是多感性体悟、灵光一现的片刻印象，以及信手拈来的随意文字。其形式不拘一格，自由散漫，可长可短，活泼生动，作者意之所至，兴之所至，率性而为；其内容亦十分广泛，可以

---

① 明代词学家张綖《诗余图谱》云："词体大略有二：一体婉约，一体豪放。"清初文坛领袖王士禛《花草蒙拾》进一步把张綖的两大"词体"引申为两大"词派"："张南湖（按：张綖字世文，自号南湖居士）论词派有二：一曰婉约，一曰豪放。"后人多沿此说。究竟对"豪放"与"婉约"如何定性、定位，有许多不同意见，我个人看法，作为两大词风（即两种艺术风格）更好。（关于张綖和他的《诗余图谱》，张仲谋在《2010年词学国际学术研讨会论文集·张綖〈诗余图谱〉研究》中说："张綖《诗余图谱》在明代已知至少有六种刊本，其中明季王象晋'重刻本'因收入毛晋所编词籍丛刻《词苑英华》而成为通行本。近年来研究者陆续论及的有万历二十七年刊行的谢天瑞《新镌补遗诗余图谱》，万历二十九年刊行的游元泾《增正诗余图谱》，以及崇祯十年刊行的万惟檀改编本《诗余图谱》"。该文又见《文学遗产》2010年第5期）
② 苏轼因乌台诗案于宋元丰二年至七年贬谪黄州。
③ 苏轼：《与杨元素十七首》之七，见《苏轼文集》（卷五十五）第四册，中华书局，1986，第1652页。

记本事、考生平、论得失、说风格、谈律吕，以至探索源流，评骘体性，不一而足。

唐圭璋先生《词话丛编》（中华书局1986年修订版），共收集、整理了自北宋杨绘《时贤本事曲子集》至近代陈匪石《声执》的词话著作85种之多①，其中包括李渔的《窥词管见》——从时间顺序上，它被排在清代之第一位。

《词话丛编》所收这85种词话，我分为三类。

第一类是李渔《窥词管见》之前的，约17种：宋代杨绘《时贤本事曲子集》一卷、杨湜《古今词话》一卷、鲖阳居士《复雅歌词》一卷、王灼《碧鸡漫志》五卷、吴曾《能改斋词话》二卷、胡仔《苕溪渔隐词话》二卷、张侃《拙轩词话》一卷、魏庆之《魏庆之词话》一卷、周密《浩然斋词话》一卷、张炎《词源》二卷、沈义父《乐府指迷》一卷，元代吴师道《吴礼部词话》一卷、陆辅之《词旨》一卷，明代陈霆《渚山堂词话》三卷、王世贞《艺苑卮言》一卷、俞彦《爱园词话》一卷、杨慎《词品》六卷并拾遗一卷。

第二类是与李渔《窥词管见》同时，或其作者活跃于词坛、印行其词话时李渔仍在世的，约8种（不包括《窥词管见》）：毛奇龄《西河词话》二卷、王又华《古今词论》一卷、刘体仁《七颂堂词绎》一卷、沈谦《填词杂说》一卷、邹祗谟《远志斋词衷》一卷、王士禛《花草蒙拾》一卷、贺裳《皱水轩词筌》一卷、彭孙遹《金粟词话》一卷。

第三类是其余59种，它们都是李渔去世之后的作品。

---

① 当然，唐编《词话丛编》仍有诸多遗漏，张仲谋《明词史》（人民文学出版社，2002，第343页）就曾举出明代数种词话，但唐先生所编，仍是至今最权威的本子，功莫大焉。

四

就第一类情况看，李渔《窥词管见》较之前辈论著，有所发展，有所创造，有所深入。

前17种词话，除了某些著作记述本事以及"辨句法，备古今，纪盛德，录异事，正讹误"（借用宋代许𫖮《许彦周诗话》[①]语）之外，许多作品在论述词的起源、性质、特点、音韵、作词方法等方面取得了许多开创性成果，它们所论及的一系列重要词学问题，对后世（包括对李渔）产生了深远影响。今例述之。

有的词话，如《魏庆之词话·李易安评》中保留了李清照《词论》即关于词"别是一家"的理论阐述[②]，十分可贵。

李清照（1084—1155?），号易安居士，是我国古代杰出的女词人，用明代杨慎《词品》卷二中的话说"宋人中填词，李易安亦称冠绝"，千百年来备受称赞——我被易安居士这位山东老乡的才气所震惊而叹服，甚至产生某种女性崇拜情结，所以恕我多说几句。

李清照的这段"词论"，约七百言，用生动事例描述词的产生、发展，提出她心目中作词的规范，其核心思想是重音律、求典雅、尚婉约。李清照《词论》七百言中，很大一部分文字是她对各家词作优劣得失的批评，尖锐中肯，入木三分；尤其可贵者，她通过对各派词家及其典型作品的分析比较，并依据自己的创作经验，总结出词"别是一家"的理论主张，即词体不同于诗文的特性。

李渔的词作除了太"俗"之外，大体属李清照所谓"小"词一

[①] 宋代许𫖮《许彦周诗话》，有百川学海本（弘治华氏刻、嘉靖宗文堂刻、明刻重辑），《四库全书》诗文评类收入此书。

[②] 李清照：《词论》，又见于《苕溪渔隐丛话》后集卷三十三、《诗人玉屑》卷二十一。

路；而词学主张，也无形中受李清照词"别是一家"、崇尚婉约、讲究音律的影响。

如果说李清照《词论》作于南渡之前，那么王灼（字晦叔，号颐堂）《碧鸡漫志》则是南渡之后最值得注目的词话之一。[①] 它记述词坛逸事趣闻，探索词调历史渊源，花费大量笔墨考证隋唐以来32支燕乐曲子的来龙去脉，具有很高参考价值，特别是它从原理上探索词的起源，实际上阐述了词的来路"正当"，不应被歧视。

王灼在《碧鸡漫志》卷一《歌曲所起》一节中说："或问歌曲所起。曰：天地始分，而人生焉，人莫不有心，此歌曲所以起也。舜典曰：'诗言志，歌永言，声依永，律和声。'诗序曰：'在心为志，发言为诗，情动于中，而形于言。言之不足，故嗟叹之，嗟叹之不足，故永歌之，永歌之不足，不知手之舞之足之蹈之。'《乐记》曰：'诗言其志，歌咏其声，舞动其容，三者本于心，然后乐器从之。'故有心则有诗，有诗则有歌，有歌则有声律，有声律则有乐歌，永言即诗也，非于诗外求歌也。"[②] 王灼在这里为词体争得了"正统"地位。这在长期贬低词体价值的时候，为词说话，具有积极意义，值得关注。词体自产生以来，在一部分人那里一直被"小"视甚至"鄙"视，冠以"艳科"之名，认为它是"小道""末技"，有害风化；有的人甚至认为填那种艳科小词会下地狱。[③] 而王灼从源头上说明词（"歌词"）是堂堂正正的"诗"之后裔，难道不应该与诗文同样受到尊重吗？

王灼还深入探讨了词的产生、发展、变化的轨迹。他说："古人

[①] 李清照的《词论》，写于她四十岁左右，时在南渡之前，当属北宋时的言论；王灼（1081—1160）虽比李清照年长三岁，但他的《碧鸡漫志》写于南宋绍兴十五年至十九年（1145—1149），时寓居成都碧鸡坊妙胜院，因而是南宋时的作品。

[②] 王灼《碧鸡漫志》卷一《歌曲所起》这段话，见唐圭璋编《词话丛编》，中华书局，1986。以后凡不注明出处者，均来自唐编《词话丛编》。

[③] 黄庭坚在《豫章黄先生文集》第十六卷《小山集序》中说："道人法秀独罪余'以笔墨劝淫，于我法中，当下犁舌之狱'。"所谓"劝淫"，指作"艳"词。

初不定声律,因所感发为歌,而声律从之,唐、虞禅代以来是也。余波至西汉末始绝。西汉时,今之所谓古乐府者渐兴,晋魏为盛,隋氏取汉以来乐器歌章古调,并入清乐,余波至李唐始绝。唐中叶虽有古乐府,而播在声律,则鲜矣。士大夫作者,不过以诗一体自名耳。盖隋以来,今之所谓曲子者渐兴,至唐稍盛。今则繁声淫奏,殆不可数。古歌变为古乐府,古乐府变为今曲子,其本一也。后世风俗益不及古,故相悬耳。而世之士大夫,亦多不知歌词之变。"[1] 因为词是唱的,是依"谱"而"填",王灼在书中正是抓住词这个"倚声"(即同音乐密不可分)的特点,从诗之"言志""缘情"的根上寻求词之来源和发展脉络。这样,则古人"因所感发为歌,而声律从之",从唐尧虞舜时起到汉魏,从古歌而古乐府,皆如是。即从乐与诗的关系上说,那时是诗在先而后乐从之,乐从诗。但是这种关系到隋唐发生了变化:"古乐府变为今曲子",这是一个重大转折。如果说隋唐之前是先有诗而以乐从之,即乐从诗;那么,隋唐出现的"今曲子"则是"先定音节,乃制词从之",即音乐(词谱)在先,依谱填词,词从乐——请注意:从严格的意义上说,只有依谱填词才标志着词的诞生。在王灼看来,词的产生和发展是文学自身发展的一种自然而然的过程。这是较早的关于词的起源的理论探索,后来的许多论者,包括李渔"从诗到词"的观念,都或多或少受到王灼影响。

南宋末到元代初期,最具代表性的是张炎(字叔夏,号玉田)《词源》、沈义父(字伯时,号时斋)《乐府指迷》等词话,它们为词学的建立做出了重要贡献。张炎《词源》分上下两卷,上卷乃辑录前人著作,下卷才是张炎自己的论述,因此他的"自序"放在下卷之首。在《词源》中,张炎主要论述词法,对制曲、句法、字面、和韵等做了全面阐发,同时《词源》还保存了稍早时的词人杨缵"作词

---

[1] 《碧鸡漫志》卷一《歌词之变》。

五要"("要择腔""要择律""要填词按谱""要随律押韵""要立新意"),是重要的词学史料。《词源》可谓当时词学的一个理论小结。特别值得关注的,是他的两个词学主张:一是他提倡"雅正",认为"古之乐章、乐府、乐歌、乐曲,皆出于雅正"(张炎《词源·序》),所谓发乎情止乎礼义者也,这表现了张炎词学思想中的一种意识形态倾向;一是他提倡"清空",说"词要清空,不要质实。清空则古雅峭拔,质实则凝涩晦昧"(张炎《词源·清空》),这表现了他词学中一种艺术的审美的追求。沈义父在南宋末从吴文英游,学习作词,他的《乐府指迷》保存了吴文英的协律、典雅、含蓄、柔婉之论词四标准,并加以推演发挥,他说:"癸卯,识梦窗。暇日相与倡酬,率多填词,因讲论作词之法。然后知词之作难于诗。盖音律欲其协,不协则成长短之诗。下字欲其雅,不雅则近乎缠令之体。用字不可太露,露则直突而无深长之味。发意不可太高,高则狂怪而失柔婉之意。思此,则知所以为难。"《乐府指迷》也成为较早的一部专门论述作词方法的词话。张炎和沈义父对后世产生了深刻影响,特别是张炎的主张,直接成为清初以朱彝尊为代表的浙西词派的理论来源,所谓"家白石而户玉田"者也。

按以往通常说法,明代是词与词学衰微的时代,其词风,特别是明中期的词风,人们常常以"淫哇"形容之,陈廷焯甚至说:"词至于明,而词亡矣。伯温、季迪,已失古意。降至升庵辈,句琢字炼,枝枝叶叶为之,益难语于大雅。自马浩澜、施阆仙辈出,淫词秽语,无足置喙。"[①] 与对明词的上述评价相应,人们通常也认为明代词学同样无重要的创造和开拓,最有代表性的是近人赵尊岳的观点:"明人填词者多,治词学者少,词话流播,升庵、渚山(指陈霆)而已。升庵恒钉,仍蹈浅薄之习,渚山抱残,徒备补订之资。外此弇州(王

---

① 陈廷焯《白雨斋词话》卷三之"词亡于明"条。

世贞)、爰园(俞彦),篇幅无几,语焉不详。"① 赵尊岳以鄙夷的口气提到杨慎、陈霆、王世贞和俞彦四人的词话,唐圭璋《词话丛编》亦仅举此四种(恐怕受赵之影响)。其实明代的词话,除上述四种之外还有不少,张仲谋在《明词史》一书和《论明词的价值及其研究基础》一文中,都说:"可以以词话名书独立成卷的,如单宇《菊坡词话》、黄溥《石崖词话》、陆深《俨山词话》、郎瑛《草桥词话》、俞弁《山樵暇语》、郭子章《豫章词话》、胡应麟《少室山房词话》、曹学佺《石仓词话》等,至少不下十余家。"② 而且张仲谋还为明词和明词学的不公正待遇鸣不平,认为:"明人在词学理论上也有很大的发展与建树。他们已经越过了宋人感性地描述创作经验阶段,而更带有理论色彩与研究意识了。过去人鄙薄明代词学以为不足道,在很大程度上是缺乏了解所致。"③ 明词和明词学的是非曲直诸种问题,确实值得认真研究和讨论,科学考辨,得出合乎历史面貌的结论,给予公正的评价。据我个人粗浅了解,明代词和词学,与宋代和清代的词与词学相比较而言,或许有某些不能令人满意之处,可能与许多人的期望值存在距离(其中原因很复杂,需要具体分析);但明词和明词学绝非一无是处,把它们贬抑到"淫词秽语,无足置喙"的地步,过矣。应该说,明代词人和词学家,确有自己的独到之处,做出了自己的历史贡献。例如王世贞的《艺苑卮言·附录》论词三十则,杨慎《词品》六卷,均表现出精妙的艺术鉴赏力。王世贞《艺苑卮言》之评苏词"快语壮语爽语"条:"子瞻'与谁同坐,明月清风我','明月几时有,把酒问青天',快语也。

---

① 赵尊岳:《惜阴堂明词丛书叙录》,见龙榆生编《词学季刊》第三卷第四号。赵尊岳乃晚清四大家之一况周颐的弟子,于词学建树颇多;但其人生最大污点是抗战时附逆,历任汪伪政府要职。

② 张仲谋:《明词史》,人民文学出版社,2002,第343页;这段话亦见于同一作者《论明词的价值及其研究基础》一文,《西北师大学报》(社会科学版)2002年第5期。

③ 张仲谋:《明词史》,人民文学出版社,2002,第343页;这段话亦见于同一作者《论明词的价值及其研究基础》一文,《西北师大学报》(社会科学版)2002年第5期。

'大江东去，浪淘尽、千古风流人物'，壮语也。'杏花疏影里，吹笛到天明'，又'高情已逐晓云空，不与梨花同梦'，爽语也。其词浓与淡之间也。"① 确实体味出苏词妙处。杨慎评稼轩词曰："近日作词者，惟说周美成、姜尧章，而以东坡为词诗，稼轩为词论。此说固当，盖曲者曲也，固当以委曲为体。然徒狃于风情婉娈，则亦易厌。回视稼轩所作，岂非万古一清风哉。"② 对辛词"万古一清风"的评价，公允、恰当，在明代尤其难得。杨慎还提出"诗词同工而异曲，共源而分派"③，勉力提高词的地位也很有见识。其他词学家也有各自建树。并且，因为上述词学家大多数自身都是填词里手，有丰富的艺术创作经验，所以对词的许多评论，中肯切实，于后人多有启示。

总体而言，李渔之前的多数词话重在本事记述和掌故、趣闻之描绘，它们虽具有宝贵的史料价值，而理论性却不强；一些词话大量篇幅都在对词作"警策"之鉴赏，有的还绘声绘色描述片时片刻对词作字句的审美印象和体验，虽常常使人觉得其精彩如颗颗珠宝，然究竟大都是散金碎玉，缺乏系统——本书因不是写词话史，恕不逐步一一分析。

李渔《窥词管见》当然吸取了前辈许多有益的思想，然而相比较而言，它较之大多数前辈词话，具有更强的理论性和系统性。

《窥词管见》第一则至第三则从词与诗、曲的比较中论说词体特性，所谓词须"上不似诗，下不类曲，不淄不磷，立于二者之中"以及"诗有诗之腔调，曲有曲之腔调，诗之腔调宜古雅，曲之腔调宜近俗，词之腔调，则在雅俗相和之间"；第四则谈如何取法古人，第五、六则论创新，所谓"文字莫不贵新，而词为尤甚。不新可以不作，意新为上，语新次之，字句之新又次之。所谓意新者，非于寻常闻见之

---

① 王世贞《艺苑卮言》之"快语壮语爽语"条。
② 杨慎《词品》卷四之"评稼轩词"条。
③ 杨慎《词品序》。

外，别有所闻所见，而后谓之新也。即在饮食居处之内，布帛菽粟之间，尽有事之极奇，情之极艳，询诸耳目，则为习见习闻，考诸诗词，实为罕听罕睹，以此为新，方是词内之新，非齐谐志怪、南华志诞之所谓新也"；第七则谈琢字炼句须合理，所谓"琢句炼字，虽贵新奇，亦须新而妥，奇而确。妥与确，总不越一理字，欲望句之惊人，先求理之服众"——这些思想的阐发，较之前辈词话如王灼《碧鸡漫志》关于词体性质及词的起源，张炎《词源》的"雅正"、"清空"以及它所传达出来的杨缵"作词五要"，沈义父《乐府指迷》的"词之作难于诗"以及它所发挥的吴文英的论词四标准，陆辅之《词旨》"夫词亦难言矣，正取近雅，而又不远俗"等相关论述，李渔《窥词管见》一方面有所发展变化，另一方面也更为细致和深入。

《窥词管见》第八、第九两则谈"情景"关系尤其值得注意（有关引文见"李渔的词学"，此不重复），这些论述较之以前的词话有新的创造；而且，如果我们认定二百多年以后王国维《人间词话》中所谓"一切景语皆情语"受到李渔（当然还有其他词论家类似思想）的影响，不是可以或隐或显找到些踪迹、寻出些线索吗？

《窥词管见》第十则至第十七则论词的创作特点和规律，最后五则涉及词的音韵问题，也涉及音乐与词的分家，即词越来越成为一种可读而不一定可歌的文学体裁——这些论述也比前辈词话说得更为清晰。特别是第二十二则谈"曲宜耐唱，词宜耐读，耐唱与耐读有相同处，有绝不相同处。盖同一字也，读是此音，而唱入曲中，全与此音不合者，故不得不为歌儿体贴，宁使读时碍口，以图歌时利吻。词则全为吟诵而设，止求便读而已"等，在继承前人思想基础上，说得更为透辟。

《窥词管见》虽不具有现代文艺学、美学论文那样清晰的逻辑系统，但大体已经具备相当高的理论完整性；而且在对某些理论问题的把握上，也较前人有所进展和提升，例如关于"情景"关系的论述，关于词须"上不似诗，下不类曲"以及"词之腔调，则在雅俗相和之间"的论述；谈创新强调"即在饮食居处之内，布帛菽粟之间，尽有事之极奇，……以此为新，方是词内之新"；强调"词之最忌者有道学气，有书本气，有禅和子气"；关于好词当"一气如话"；关于"曲宜耐唱，词宜耐读"的论述；等等。这些都是相当精彩的理论见解，达到了李渔那个时代相当高的理论水平，后面正文评述时将会细说。

五

就第二类而言，较之同辈，李渔词论也有自己的特点，在他同时代的许多词话中，《窥词管见》是理论色彩比较浓厚、系统性比较强的作品。与李渔《窥词管见》在时间上最为接近的，大概属毛奇龄《西河词话》、刘体仁《七颂堂词绎》、沈谦《填词杂说》、王士禛《花草蒙拾》、王又华《古今词论》、彭孙遹《金粟词话》和邹祗谟《远志斋词衷》了。西河有些段落（如"沈去矜词韵失古意""古乐府语近""词之声调不在语句""词曲转变"等）对词韵、声调、词的创作等问题的论述也自有贡献；但其多数段落仍如以前词话重在本事、掌故、趣闻，而不在理论阐发。就此而言，它不及李渔，或至少没有超越李渔。《七颂堂词绎》篇幅不长，刘体仁根据亲身读词心得作出自己关于词体性质和作词法的判断，如"词与古诗同妙"，"词忌复"，"词字字有眼，一字轻下不得"，"词忌直说"，等等，均有可取之处。他谈"词境诗不能至"，提出"词中境界"这一概念，谈"词有初盛中晚"，提出词史分期问题。但是，总体说，其理论性不及《窥词管见》。刘体仁也提到"中调长调须一气呵成"，"词不可参一死句"，"词须不类诗与曲。词须上脱香奁，下不落元曲，乃称作手"

等，与李渔思想相近，但不及李渔论述细密。沈谦是李渔同时代的另一位重要词学家，李渔在《词韵例言》中充分肯定了沈谦在词韵方面的贡献，[①] 其词话《填词杂说》也有不少精彩见解，但是显得零碎；有的观点，如谈词与诗、曲关系的一条，"承诗启曲者，词也，上不可似诗，下不可似曲。然诗曲又俱可入词，贵人自运"，显然与李渔（见《窥词管见》第一则）相近，但又说得不如李渔深入具体。与李渔有所交往而小李渔二十三岁的王士禛是清初文坛领袖，顺康间"主持风雅数十年"[②]。他在顺治十六年（1659）任扬州推官时，周围团结了一群词人组成广陵词坛，切磋词学，品评词作。他的《花草蒙拾》是读《花间集》和《草堂诗余》的笔记，于评词的字里行间，宣扬其"神韵"说；但其"神韵"又无清晰界定，而是让人在鉴赏中体悟，例如他赞赏北宋欧晏正派，妙处俱在神韵，批评明末词人卓珂月"去宋人门庑尚远，神韵兴象，都未梦见"，但始终不能明确说出"神韵"到底具有怎样的理论规定性。王士禛也谈诗、词、曲的区别，但也无理论说明，而是举出作品，让人在阅读中体会："或问诗词、词曲分界，予曰：'无可奈何花落去，似曾相识燕归来'，定非《香奁》诗；'良辰美景奈何天，赏心乐事谁家院'，定非《草堂》词也。"王又华《古今词论》，主要摘录前人词论著作辑而成书，虽然通过评论以往词人词作，也提出心得精彩见解，并且在保存以往词论遗产方面有其价值，但毕竟缺少自己的创造，与李渔《窥词管见》比，不能算是好的理论著作。彭孙遹《金粟词话》自有妙语："词以自然为宗，但自然不从追琢中来，便率易无味。如所云绚烂之极，乃造平澹耳。若使语意澹远者，稍加刻画，镂金错绣者，渐近天然，则骎骎乎绝唱矣。"然而理论阐发不多。邹祗谟是清初著名词人，其《远志斋词衷》主要在词谱的考证、词韵词律的辨析等方面存在不少

[①] 《词韵例言》，《李渔全集》第十八卷，浙江古籍出版社，1991，第363页。
[②] 见《清史稿》卷二六六，中华书局，1976。

有价值的见解，然理论性不强。

以上列举的当时诸多词话，亦如《窥词管见》，各有不足之处，也都各有优长、各有精彩，它们都有自身价值，都应在词学史上找到自己适宜的位置。

六

第三类，李渔之后的数十部词话著作，在理论视野、理论深度和广度、理论观念等方面，都有较大进展、较大超越。有清一代最有名的两大词派——浙西词派（朱彝尊、汪森等）[①]和常州词派（张惠言、周济等），既有创作实践，又有理论主张，他们的词学理论各有特色，对词学做出了自己的贡献。

浙西词派起于清初康熙年间，该派名称，乃由康熙十八年（1679）龚翔麟刻《浙西六家词》而来。该派创始者朱彝尊（字锡鬯，号竹垞）自称"家白石而户玉田""学姜氏而得其神明者""不师秦七，不师黄九，倚新声、玉田差近"[②]。他在《词综·发凡》中说："世人言词，必称北宋；然词至南宋始极其工，至宋季而始极其变。姜尧章氏最为杰出。"他在《静志居诗话》中强调："数十年来，浙西填词者，家白石而户玉田，春容大雅，风气之变，实由于此。"

[①] 这里需要说明：浙西词派的主要人物如曹溶、朱彝尊、汪森、李良年、李符、柯崇朴、曹尔堪、周筼等活跃于词坛、并且完成《词综》编辑（康熙十八年）的时候，李渔还在世；朱彝尊、汪森等通过《序言》、信札、文章谈论他们的词学主张，李渔或许也可以看到。本书此处所述浙西词派朱彝尊、汪森的理论主张，应该与李渔同时。我之所以把浙西词派的词论著作放在李渔之后，是因为阐述浙西词派理论的词话——许昂霄《词综偶评》是在李渔死后问世的。

[②] 朱彝尊《解佩令·自题词集》："十年磨剑，五陵结客，把平生、涕泪飘尽。老去填词，一半是空中传恨。几曾围、燕钗蝉鬓？　不师秦七，不师黄九，倚新声、玉田差近。落拓江湖，且分付、歌筵红粉。料封侯、白头无分。"

他们标榜醇雅、清空，填词"必崇尔雅，斥淫哇，极其能事，则亦足以宣昭六义，鼓吹元音"（朱彝尊《静惕堂词序》）；"言情之作，易流于秽。此宋人选词，多以雅为尚，法秀道人语涪翁（按：黄庭坚别号）曰：作艳词当堕犁舌地狱。"（《词综·发凡》）朱彝尊和另一浙西派主将汪森，都力主长短句与诗同源，尊崇词体。该派的理论主张，如崇尚神情韵味，标举神韵、清空、淡远、清丽，等等，由许昂霄《词综偶评》阐发。以厉鹗为代表的后期浙西词派词人，发展和修正了浙西词派的主张，使之得以广大，气势甚盛。然厉鹗之后，此派日渐衰颓。人们对浙西词派的创作和理论主张颇称颂，吴衡照《莲子居词话》说："竹垞有名士气，渊雅深稳，字句密致。自明季左道言词，先生标举准绳，起衰振声，厥功良伟。"

嘉庆间，常州词派兴起，促进了词学的繁荣。该派强调意内言外、比兴寄托，"感物而发"，"缘情造端"。该派创始者张惠言在《词选序》①中说："词者，盖出于唐之诗人，采《乐府》之音以制新律，因系其词，故曰词。传曰：意内而言外谓之词。其缘情造端，兴于微言，以相感动，极命风谣里巷男女哀乐，以道贤人君子幽约怨悱不能自言之情。低徊要眇以喻其致。盖诗之比兴，变风之义，骚人之歌，则近之矣。然以其文小，其声哀，放者为之，或跌荡靡丽，杂以昌狂俳优，然要其至者，莫不恻隐盱愉，感物而发，触类条鬯，各有所归，非苟为雕琢曼辞而已。"该派主将周济《介存斋论词杂著》中认为："感慨所寄，不过盛衰，或绸缪未雨，或太息厝薪，或己溺己饥，或独清独醒，随其人之性情学问境地，莫不有由衷之言。见事多，识理透，可为后人论世之资。诗有史，词亦有

---

① 《词选》由张惠言选编，清嘉庆二年（1797）刊行，张惠言序，署"嘉庆二年八月"。选唐李白、温庭筠、无名氏三家作品二十首；五代词人李璟、李煜、韦庄等八家，词作二十六首；宋词人三十三家，词作七十首。该书有清道光刊本，有《四部备要》本，1984年有许白凤校点江西人民出版社"百花洲文库"本。

史，庶乎自树一帜矣。"《张惠言论词》和周济《介存斋论词杂著》（均见唐圭璋编《词话丛编》）传达出常州词派的思想，在词学史上影响颇大。吴梅《词学通论》说："皋文《词选》一编，扫靡曼之浮音，接风骚之真脉，直具冠古之识力者也。词亡于明。至清初诸老，具复古之才，惜未能穷究源流。乾嘉以还，日就衰颓。皋文与翰风（按：张惠言的弟弟张琦字翰风，二人共编《词选》）出，而溯源竟委，辨别真伪，于是常州词派成，与浙词分镳争先矣。"[①] 张惠言《词选序》的理论主张在当时就得到许多词人如黄景仁、恽敬等的赞同，后又经他的外甥和学生董士锡以及他的后继者周济等修正、弘扬，为许多词家接受，同治、光绪间谭献、庄棫、冯煦、陈廷焯和晚清四大家王鹏运、郑文焯、况周颐、朱祖谋可谓常州词派理论思想的继承和发扬者。

到19世纪，像刘熙载《词概》之"词品"说（即人品与词品相统一），陈廷焯《白雨斋词话》之"沉郁"说，王鹏运之力尊词体、尚体格、提倡"自然从追琢中来"，况周颐《蕙风词话》之"作词有三要，曰重、拙、大"，以及张德瀛《词征》、郑文焯《大鹤山人词话》、朱祖谋《彊村老人评词》，等等，自有诸多建树，都有独到之处。特别是到了19世纪末20世纪初，王国维《人间词话》引进了西方的一些美学观念，如"理想""写实""主观""客观"等，深化和完成了词之"境界"说。王国维的学术思想已经从"古典形态"向"现代形态"迈进，就此而言，李渔与王国维不可同日而语。

然而，我们应该看到后来的词话或词学家受到李渔的影响。前已说到王国维"一切景语皆情语"与李渔关于情景关系的论述之间的承续脉络，兹不赘言。关于诗词曲之别，清晚期杜文澜《憩园词话》卷

[①] 吴梅：《词学通论》，华东师范大学出版社，1996，第171页。

一"论词三十则"有一段论述:"近人每以诗词词曲连类而言,实则各有蹊径。《古今词话》载周永年曰:'词与诗曲界限甚分明,惟上不摹香奁,下不落元曲,方称作手。'(按:这段话亦见于清沈雄《古今词话·词品下卷·禁忌》)又曹秋岳司农云:'上不牵累唐诗,下不滥侵元曲,此词之正位也。'二说诗、曲并论,皆以不可犯曲为重。余谓诗、词分际,在疾徐收纵轻重肥瘦之间,娴于两途,自能体认。至词之与曲,则同源别派,清浊判然。自元以来,院本传奇原有佳句可入词林,但曲之径太宽,易涉粗鄙油滑,何可混羼入词。"周永年、曹秋岳(曹溶)、杜文澜等人的观点不但与李渔相近,而且用语何其相似乃尔!还有,近代曲学大师吴梅《词学通论》第一章"绪论"直接引用(袭用)了李渔的话:"作词之难,在上不似诗,下不类曲。不淄不磷,立于二者之间。要须辨其气韵,大抵空疏者作词,易近于曲;博雅者填词,不离乎诗。浅者深之,高者下之,处于才不才之间,斯词之三昧得矣。"① 说他们受到李渔(还有其他相关词论家如沈谦《填词杂说》)的影响,恐怕不是没有缘由吧。

七

笠翁通过《窥词管见》,建立了他自己富有特色的"李渔词学",我这部《李笠翁词话》所作注评的主要内容即是对《窥词管见》的价值和贡献做较详细的解析。此外,李渔还写过一部《笠翁

---

① 吴梅的话见吴梅《词学通论》,华东师范大学出版社,1996,第2页。李渔《窥词管见》第一则的原话是:"作词之难,难于上不似诗,下不类曲,不淄不磷,立于二者之中。大约空疏者作词,无意肖曲,而不觉仿佛乎曲。有学问人作词,尽力避诗,而究竟不离于诗。一则苦于习久难变,一则迫于舍此实无也。欲为天下词人去此二弊,当令浅者深之,高者下之,一俯一仰,而处于才不才之间,词之三昧得矣。"

词韵》①，该书谈到明末清初有关"词韵"著作的情况，具有重要参考价值。他在《词韵例言》中说："词韵非止向无成书，且未有言及此者。自沈子去矜②殚心斯道，与予友毛子稚黄③朝夕辨论，穷幽极渺。沈子撰有《韵略》一篇，毛子著有《词韵概略》及《韵学通指》诸书，词学始得昌明广世。然皆附于诗文诸刻之中，并无专刻，是以见者寥寥。迨赵子千门，始刻《词韵便遵》④一书，合两家论议而成之，但其编辑之法，仍不离休文诗韵，⑤未能变通作者之意，是可惜耳。"李渔在这里说"词韵非止向无成书，且未有言及此者"，此言有疏漏。其实在宋代，朱敦儒（1081—1183，字希真）曾有"词韵十六条"，虽亡佚，但元代陶宗仪曾见过。据沈雄《古今词话》之

---

① 《笠翁词韵》不见于雍正八年（1730）芥子园本《笠翁一家言全集》。1991年版浙江古籍出版社的《李渔全集》将它编入第十八卷，本书据此。《李渔全集》校勘者说：《笠翁词韵》见于康熙十七年（1678）翼圣堂本《笠翁一家言全集》。但是，李渔在世时是否编辑出版过《一家言全集》，是有争论的。黄强教授就认为李渔生前只编辑出版过《一家言初集》（1672年左右）和《一家言二集》（1678）；倘如此，《李渔全集》校勘者的所谓"《笠翁词韵》见于康熙十七年（1678）翼圣堂本《笠翁一家言全集》"就要打上一个问号。或许"康熙十七年（1678）翼圣堂本"不是康熙十七年（1678），也不是李渔所编，而是李渔身后有人编辑出版？这个问题需要学者们进一步考证。关于《笠翁词韵》问题我曾与黄强教授交换意见，他于2017年5月22日来信称："李渔自己提及《词韵》，是在康熙十七年戊午序刻的《耐歌词》附录《窥词管见》中，谓'《笠翁诗韵》一书刊以问世，当再续《词韵》一种，了此一段公案。'初版本未见。估计是杂汇《全集》者将初刻本纳入。"

② 沈谦（1620—1670），字去矜，号东江，仁和临平人，明末清初韵学家。

③ 毛稚黄（1620—1688），名先舒，钱塘人，工诗文，乃"西泠十子"领袖，与毛际可、毛奇龄共称"浙中三毛，东南文豪"。清代吴衡照《莲子居词话》之"毛稚黄词"条曰："两毛（指毛际可、毛奇龄）皆出仕，独先生（指毛稚黄）中年失音，杜门十载后始愈，盛夏拥絮草褥至二十八重，同人为作《草荐先生传》。"李渔《笠翁词韵·词韵例言》中曾赞扬沈子著有《韵略》一篇，毛子著有《词韵概略》及《韵学通指》诸书，词学始得昌明广世。毛稚黄是李渔的老友，交往密切，多有诗书赠答，而且在书信中多次讨论词学问题。二人对彼此生活也互相关心备至。

④ 赵千门《词韵便遵》，未详，待考。许宗元《中国词史》提到沈谦和李渔的词韵著作，并且说之后仲恒《词韵》以沈谦《韵略》为蓝本；道光年间有戈载《词林正韵》，乃吸收前人成果而集大成。

⑤ 沈约（441—513），字休文，吴兴武康（今浙江德清）人，南朝史学家、文学家，仕宋齐梁三朝。沈约与同时代其他文人发现四声，对中国诗韵贡献多多。李渔所谓"休文诗韵"大概指他的《四声谱》。

《词品》记载:"陶宗仪韵记曰:本朝应制颁韵,仅十之二三,而人争习之。户录一编以粘壁,故无定本。后见东都朱希真,复为拟韵,亦仅十有六条。其闭口侵寻、监咸、廉纤三韵,不便混入,未遑校雠也。鄱阳张辑,始为衍义以释之。泊冯取洽重为缮录增补,而韵学稍为明备通行矣。值流离日,载于掌大薄蹄,藏于树根盦中,湿朽虫蚀,字无全行,笔无明画,又以杂叶细书如半菽许,愿一有心斯道者详而补之。然见所书十六条与周德清所辑,小异大同,要以中原之音,而列以入声四韵为准,南村老人记。"[1] 朱敦儒的"词韵十六条"颇有影响,人们根据朱敦儒词集《樵歌》的用韵情况,复原其十六条原貌,现代著名学者夏承焘、黎锦熙还专门进行研究。在李渔当时,除了他提到的沈谦《韵略》和毛稚黄《词韵概略》及《韵学通指》外,尚有仲恒《词韵》、吴烺等《学宋斋词韵》、郑春波《绿绮亭词韵》诸书。《笠翁词韵》是其中富有自己特色的一种。有的学者已经注意到李渔的这部词韵,如许宗元著《中国词史》就简单回顾了"词韵"的历史,说"自明末清初沈谦、李渔等作词韵后,有清一代,词韵著作迭起……"[2] 孙克强《清代词学》也说"清代是词韵研究发达的时期","举其著名者",第一部就标出《笠翁词韵》。

《笠翁词韵》是一部工具书,然而这部书不但在词韵学上具有新意(富有创新精神),而且竟然在美学上也具有某种理论性。

第一,李渔在《笠翁词韵》中,从音韵学的角度,通过诗韵、词韵、曲韵的比较,找出诗韵与词韵的差别,进行理论总结,他说:"诗韵严,曲韵宽,词韵介乎宽严之间,此一定之理也。"[3] 又说:"予谓词则词,诗则诗,既名词韵,胡复云诗?且作词之法,务求声韵铿锵,宫商迭奏,始见其妙。"他扬扬自得地宣称:"是集(杜按:

---

[1] 沈雄《古今词话》之《词品》上卷"详韵"条。又见张德瀛《词征》卷三。
[2] 许宗元:《中国词史》,黄山书社,1996,第11页。
[3] 《词韵例言》,《李渔全集》第十八卷,浙江古籍出版社,1991,第361页。

指《笠翁词韵》）操纵得宜，宽严有度，务使严不似诗，而宽不类曲，词之面目，已全现乎声韵中矣。"① 这是词韵学中的美学理论。

第二，李渔参照古韵而不泥古，认真继承而又大胆变革，他批评说："窃怪宋人作词，竟有全用'十灰'一韵，以梅、回、陪、催等字，与开、来、栽、才等字同押者，此失于过严而不可取法者也。……若无词韵一书作准绳，则泥古之士，必为前人所误，得词之名而失其实矣。今人作词，无所取法，又有以《中原音韵》为式者，至入声字与平上去同押，是又失于太宽。因无绳墨，无可奈何而为之，非得已也。总之，诗体肇于《三百篇》，乃上古之文也。上古之文，其音务合古人之口。词则始于唐宋，乃后世之文也。后世之文，其韵务谐后世之音。"他还说："诗韵之必不可通于词韵者，不止梅、回等字。如'四纸'之士、氏、仕，'七麌'之巨、炬、拒、宁、苎、伫，'十贿'之待、怠、殆，'七阳'之象、像、丈，皆作上声，诗体则然，词则万无是理，此周德清之不收入上而入去也。迩来词韵，都仍旧贯，总之移来易去，其于休文诗韵，只能动其皮毛，不敢伤其筋骨。此因才胜于胆，胆为才制而然。予则才细如丝，胆大于斗，故敢纵意为之。知我罪我，悉听于人，有延颈待诛而已。"② 因此，他的"词韵"同他的"诗韵"一样，颇有创新之意，"非取古人已定之四声，稍稍更易之而攘为己有"，而是与时俱进，通过变通革新而合乎"今人之口"，以适合"今人"之用。③ 只有"才细如丝，胆大于斗"如李渔者，才能进行如此大胆尝试；而只有进行尝试，通过填词实践不断检验修正，才能对学术有所推进。

《笠翁词韵》也保存了李渔那个时代音韵学的一些资料，我建议今天的学者，特别是音韵学界的朋友们，研究一下《笠翁词韵》。

---

① 《词韵例言》，《李渔全集》第十八卷，浙江古籍出版社，1991，第362页。
② 《词韵例言》，《李渔全集》第十八卷，浙江古籍出版社，1991，第361~362页。
③ 《诗韵序》，《李渔全集》第十八卷，浙江古籍出版社，1991，第207页。

八

　　清是词复兴的时代，优秀词人云集，词论著作接踵问世。李渔不仅是杰出的戏曲家、小说家，而且善于填词，并有不少优秀作品；当时许多著名词人如吴伟业、陈维崧、丁澎、尤侗、毛奇龄、毛先舒、余怀、顾贞观等也与李渔交好，并对《耐歌词》和《窥词管见》作过眉批，有的还与之相唱和。但李渔毕竟主要不是以词作和词论名世，人们更为称赞的是李渔的传奇作品、小说作品和《闲情偶寄》。李渔之后，某些论家虽有许多词学观点与李渔相同或相近，或许受到过李渔的影响；但专门赞扬李渔词作、词论者不多，直接引述李渔词论者更少（我印象只有王又华《古今词论》有"李笠翁词论"一节[①]）。所以不能不说，李渔在词的创作和词学理论方面的影响是相当有限的。

　　然而，如果我们今天从词学学术史的总体看，用历史主义的标准来评价李渔词论，我要说《窥词管见》在中国词学史上应该占有一席之地。如果把《窥词管见》放回它那个时代，可以看到它仍然散发着自己异样的光彩。李渔的词学思想同他的戏剧美学、园林美学、仪容美学一样，有许多精彩之处值得重视、值得借鉴、值得发扬。

　　现代以来研究李渔《窥词管见》者，以1927年顾敦鍒那篇发表在《燕大月刊》一卷二至四期上的《李笠翁词学》最好。该文比较全面地考察了《窥词管见》的主要思想观点，列表总结李渔词学在"词的界说""词料运用""词贵创新""词须明白""词须一贯""词须后劲""词的音韵"七个方面的内容，指出它"成为一个颇有系统

[①] 唐圭璋编《词话丛编》，中华书局，1986，第607页。

的组织；与随想随写，杂乱无章的笔记文字不同"，甚至说"看表中加的标题，笠翁居然像一个现代的新文学理论家"（杜按：这过誉了）；在评述李渔词学观点时还能以李渔自己的词作为例证，结合作品进行分析，增加了说服力。但是该文没有把李渔词学放在中国词学思想理论史和学术史中来考察，缺乏历史意识，所以不能见出《窥词管见》和李渔词学的真正学术史价值、理论贡献、历史地位和现实意义。

　　如果有哪位学者重写中国词学史，请把李渔在中国词学史上本来应有的光彩擦亮。不知读者诸君是否认同我的这个意见？

李笠翁曲话

《李笠翁曲话》之由来

  《李笠翁曲话》来自《闲情偶寄》，是后人对李渔《闲情偶寄》中论述戏曲的《词曲部》《演习部》之辑录，单独印行，遂以《曲话》之名流传开来。

  李渔一生，著作等身，他自己则把《闲情偶寄》视为得意之作。

  《闲情偶寄》包括《词曲部》《演习部》《声容部》《居室部》《器玩部》《饮馔部》《种植部》《颐养部》等八个部分，内容丰富，涉及面很广。其中相当大的篇幅论述了戏曲、歌舞、服饰、修容、园林、建筑、花卉、器玩、颐养、饮食等艺术和生活中的美学现象和美学规律。他写此书确实下了很大功夫，运用了大半生的生活积累和学识库存。他在《与龚芝麓大宗伯》的信中有这样一段话："庙堂智虑，百无一能。泉石经纶，则绰有余裕。惜乎不得自展，而人又不能用之。他年赍志以没，俾造物虚生此人，亦古今一大恨事！故不得已而著为《闲情偶寄》一书，托之空言，稍舒蓄积。"《闲情偶寄》不但是一部内容厚实的书，而且是一部力戒陈言、追求独创的书。在《闲情偶寄》的卷首《凡例》中，李渔说："不佞半世操觚，不攘他人一字。空疏自愧者有之，诞妄贻讥者有之。至于剿窠袭臼，嚼前人唾余，而谓舌花新发者，则不特自信其无，而海内名贤，亦尽知其不屑有也。"① 对于李渔这部倾半生心血的力作，他的朋友们评价甚高，并且预计此书的出版，必将受到人们的欢迎。余澹心（怀）在为《闲情偶寄》所作的序中说："今李子《偶寄》一书，事在耳目之内，思出风云之表，前人所欲发而未竟发者，李子尽发之；今人所欲言而不能言者，李子尽言之；其言近，其旨远，其取情多而用物闳。潀潀乎，绷绷乎，汶者读之旷，僮者读之通，悲者读之愉，拙者读之巧，愁者读之忻且舞，病者读之霍然兴。此非李子《偶寄》之书，而天下雅人韵士家弦户诵之书也。吾知此书出将不胫而走，百济之使维舟而求，鸡林之贾辇金而购矣。"② 此书出版后的情况，恰如余澹心所料，世人争相阅读，广为流传。不但求购者大有人在，而且盗版翻刻也时有发生。可以说，这部书的出版，在当时掀起了小小的热潮，各个阶层的人都从自己的角度引发阅读兴趣，有的甚至到李渔府上来借阅。

《闲情偶寄》作为一部用生动活泼的小品形式、以轻松愉快的笔调写的艺术美学和生活美学著作，其精华和最有价值的部分就是他的戏曲美学理论，即《李笠翁曲话》论戏曲创作和舞台表演、导演之《词曲部》和《演习部》。把李渔看作中国古代最杰出的戏剧美学家之一，是符合实际的。他当之无愧。

《李笠翁曲话》之名，其首创者，据我所知乃是现代著名学者曹聚仁（1900—1972）。曹聚仁与李渔都是浙江兰溪人，而这"同乡之谊"使得曹氏对他的前辈乡贤李渔敬爱有加，推崇备至。曹聚仁有一篇文章《兰溪——李笠翁的家乡》，其中充满自豪地写道："兰溪，

---

① 《李渔全集》第三卷，浙江古籍出版社，1991，第3页。
② 《李渔全集》第三卷，浙江古籍出版社，1991，第1页。

我特地指出，它是李渔（笠翁）的家乡。近四五十年中，东方的中国人，介绍给西方去的，有沈三白（复）和李笠翁。三白便是《浮生六记》的主人公。李笠翁的一家言，一种以道家老庄哲学为主的人生哲学。林语堂是把它当作美国闪电人生的清凉剂来推介的，译为《生活的艺术》；因此，西方人知道了三百年前，有这么一个兰溪人。其实，李笠翁乃是三百年前的戏曲家，他的《闲情偶寄》，其中《词曲部》和《演习部》，可说是戏曲史上最有系统最深刻的理论批评著作之一。他的十种曲，以《蜃中楼》（即《柳毅传书》）、《怜香伴》、《凤求凰》（杜按：应为《凰求凤》）为最著称，还有《玉搔头》，便是近代盛行的《游龙戏凤》。他的传奇、布局往往出奇装巧，非人所及。前人称其词为'桃源啸傲，别存天地'。……在金华、兰溪、义乌一带流行的婺剧，乃是在弋阳腔、宜黄腔的底子上，加上了昆腔的新风格，李笠翁正是这一戏曲的保姆。"又说："在近代戏曲家之中，李笠翁不仅是剧作家，而且是最好的剧评家和导演。明清二代，赣东、浙东、皖南原是南曲的摇篮，汤若士、蒋士铨、李笠翁三大作家，先后继作，他们都是唯情主义的倡导者。"[1]

1925年，曹聚仁正是以这种景仰的心态句读李渔《闲情偶寄》，并将其《词曲部》《演习部》摘取出来独自成册，加以新式标点，题曰《李笠翁曲话》，由上海梁溪图书馆印行。此后，以《李笠翁曲话》或《笠翁曲话》为书名的著作纷纷出笼，成为坊间一道新风景。仅以我有限阅读所知，除曹聚仁所辑这本《李笠翁曲话》之外，还有以下数种：

《李笠翁曲话》，上海大中书店，1930；

《李笠翁曲话》，新文化书社，1933；

《李笠翁曲话》，上海启智书局，1933；

---

[1] 见曹聚仁《万里行记》，生活·读书·新知三联书店，2000，第278~279页。

《笠翁剧论》(《新曲苑》本),上海中华书局,1940;

《李笠翁曲话》,《戏剧研究》编辑部编,中国戏剧出版社,1959;

《笠翁曲话》,(台北)广文书局,1970;

《李笠翁曲话》,陈多注释,湖南人民出版社,1980;

《李笠翁曲话注释》,徐寿凯注释,安徽人民出版社,1981;

《李笠翁曲话译注》,李德原译注,天津古籍出版社,1988;

《人间词话 笠翁曲话》,岳麓书社,1999;

《〈李笠翁曲话〉拔萃论释》,董每戡著,广东高等教育出版社,2004。

《李笠翁曲话》:中国古典戏曲美学的集大成者

我要特别强调李渔在中国古典戏曲美学史上的突出地位。《闲情偶寄》的论戏曲部分,即通常人们所谓《李笠翁曲话》,是我国古典戏曲美学的集大成者,是第一部从戏剧创作到戏剧导演和表演全面系统地总结我国古典戏剧特殊规律(即"登场之道")的美学著作,是第一部特别重视戏曲之"以叙事为中心"[①](区别于诗文等"以抒情为中心")的艺术特点并给以理论总结的美学著作。

我国古典戏曲萌芽于周秦乐舞,而11~12世纪正式形成。戏剧界人士一般以成文剧本的产生作为我国戏剧正式形成的标志。明徐渭《南词叙录》说:"南戏始于宋光宗朝,永嘉人所作《赵贞女》、《王魁》二种实首之,故刘后村有'死后是非谁管得,满村听唱蔡中郎'之句。或云:宣和间已滥觞,其盛行则自南渡,号曰'永嘉杂剧',

---

① 关于这个问题,黄强《李渔的戏剧理论体系》一文较早地进行了论述(见《李渔研究》,浙江古籍出版社,1996,第20~22页)。

又曰'鹘伶声嗽'。"① 按，宋光宗于 1190 年至 1194 年在位；而所谓"宣和间"即 1119 年至 1125 年间。倘如是，则《赵贞女》和《王魁》是由书会先生所作的最早的成文剧本，那么中国戏剧正式形成当在此时。但 21 世纪以来不断有新的考古材料被发现，如 2009 年 3 月 3 日，陕西省考古研究院在韩城市新城区盘乐村发现一北宋壁画墓，其墓室西壁有宋杂剧壁画，绘制着十七人组成的北宋杂剧演出场景，其中演员五个脚色末泥、引戏、副净、副末、装孤居于中央表演杂剧节目，乐队十二人分列左右两边。这说明在北宋时中国戏剧已基本形成。②

戏剧正式形成之后，经过了元杂剧和明清传奇两次大繁荣，获得了辉煌的发展。与此同时，戏剧导演和表演艺术也有了长足的进步，逐渐形成了富有民族特点的表演体系。随之而来的是对戏剧创作和戏剧导演、表演规律的不断深化的理论总结。如果从唐代崔令钦《教坊记》算起，到李渔所生活的清初，大约有 24 部戏曲理论著作问世，其中 80% 以上是明代和清初的作品。可以说，中国戏曲美学理论到明代已经成熟了。特别是明中叶以后，戏剧理论更获得迅速发展，提出了很多十分精彩的观点，特别是王骥德的《曲律》，较全面地论述了戏剧艺术的一系列问题，是李渔之前的剧论的高峰。但是，总的说来，这些论著存在着明显的不足之处。例如，第一，它们大多过于注意词采和音律，把戏剧作品当作诗、词或曲（即古典诗歌的一种特殊样式）来把玩、品味，沉溺于中国艺术传统的"抒情情结"而往往忽略了戏剧艺术的叙事性特点，因此，这样的剧论与以往的诗话、词话无大差别。第二，有些论著也涉及戏剧创作本身的许多问题，并且很有见地，然而多属评点式的片言只语，零零碎碎，不成系统，更构

---

① 《中国古典戏曲论著集成》三，中国戏剧出版社，1959，第 239 页。
② 《文艺研究》2009 年第 11 期发表了康保成、孙秉君《陕西韩城宋墓壁画考释》，延保全《宋杂剧演出的文物新证——陕西韩城北宋墓杂剧壁画考论》，姚小鸥《韩城宋墓壁画杂剧图与宋金杂剧"外色"考》，可以参见。

不成完整的体系。第三，很少有人把戏剧创作和舞台表演结合起来加以考察，往往忽略舞台上的艺术实践，忽视戏曲的舞台性特点。如李渔在《词曲部·填词余论》中感慨金圣叹之评《西厢》，"乃文人把玩之《西厢》，非优人搬弄之《西厢》也"，批评金圣叹不懂"优人搬弄之三昧"。真正对戏曲艺术的本质和主要特征，特别是戏曲艺术的叙事性特征和舞台性特征（戏剧表演和导演，如选择和分析剧本、角色扮演、音响效果、音乐伴奏、服装道具、舞台设计等），做深入研究和全面阐述，并相当深刻地把握到了戏曲艺术的特殊规律的，应首推李渔。在读者所看到的这本《李笠翁曲话》中，李渔实现了对前辈的超越。可以毫不夸张地说，李渔所阐发的戏曲美学理论，是他那个时代的高峰，甚至可以说是中国古典戏曲美学理论史上的一个里程碑。

细论李渔的超越

或问：说李渔戏曲美学是"他那个时代的高峰"，"高"在哪里？

答曰：高就高在他超越了他的先辈甚至同辈，十分清醒、十分自觉地把戏曲当作戏曲，而不是把戏曲当作诗文（将戏曲的叙事性特点与诗文的抒情性特点区别开来），也不是把戏曲当作小说（将戏曲的舞台性特点与小说的案头性特点区别开来）。而他的同辈和前辈，大都没有对戏曲与诗文，以及戏曲与小说的不同特点做过认真的有意识的区分。关于这个问题，本书"《闲情偶寄》的历史性突破"一节已略作论述，今再细论之。

中国是诗的国度。中国古典艺术最突出的特点即在于它鲜明的抒情性。这种抒情性是诗的本性自不待言，同时它也深深渗透进以叙事性为主的艺术种类包括小说、戏曲等之中去。熟悉中国戏曲的人不难发现，与西方戏剧相比，重写意、重抒情（诗性、诗化）、散点透视、程式化等，的确是中国古典戏曲最突出的地方，是它最根本的民族特点，对此我们绝不可忽视，更不可取消，而是应该保持、继承和发扬。中国的古典艺术美学，也特别发展了抒情性理论，大量的诗话、词话、文话等都表现了这个特点，曲论亦如是。

然而，重抒情性虽是中国古典戏曲美学理论的特点，但若仅仅关注这一点而看不到或不重视戏曲更为本质的叙事性特征，把戏曲等同于诗文，重抒情性就成了其局限性和弱点。据我的考察，李渔之前以及和李渔同时的戏曲理论家，大都囿于传统的世俗的视野，或者把戏曲视为末流（此处姑且不论），或者把戏曲与诗文等量齐观，眼睛着重盯在戏曲的抒情性因素上，而对戏曲的叙事性（这是更重要的带有根本性质的特点）则重视不够或干脆视而不见。他们不但大都把"曲"视为诗词之一种，而且一些曲论家还专从抒情性角度对曲进行赞扬，认为曲比诗和词具有更好的抒情功能，如明代王骥德《曲律·杂论三十九下》说："诗不如词，词不如曲，故是渐近人情。夫诗之限于律与绝也，即不尽于意，欲为一字之益，不可得也。词之限于调也，即不尽于吻，欲为一语之益，不可得也。若曲，则调可累用，字可衬增，诗与词不得以谐语、方言入，而曲则惟吾意之欲至，口之欲言，纵横出入，无之而无不可也。故吾谓：快人情者，要毋过于曲也。"[①]

此外，这些理论家更把舞台演出性的戏曲与文字阅读性的小说混为一谈，忽视了"填词之设，专为登场"的根本性质（这是戏曲艺术最重要的特性），把本来是场上搬演的"舞台剧"只当作文字把玩的"案头剧"。如李渔同时代的戏曲作家尤侗在为自己所撰杂剧《读离骚》写的自序中说："古调自爱，雅不欲使潦倒乐工斟酌，吾辈只

---

① 见《中国古典戏曲论著集成》四，中国戏剧出版社，1959，第160页。

藏箧中，与二三知己浮白歌呼，可消块垒。"这代表了当时一般文人，特别是曲界人士的典型观点和心态，连金圣叹也不能免俗。

李渔做出了超越。李渔自己是戏曲作家、戏曲教师（"优师"）、戏曲导演、家庭戏班的班主，深得其中三昧，自称"曲中之老奴"，因此笠翁曲论能够准确把握戏曲的特性。

李渔对戏曲特性的把握是从比较中来的；而且通过比较，戏曲的特点益发鲜明。

首先，是拿戏曲同诗文做比较，突出戏曲的叙事性。

诗文重抒情，文字可长可短，只要达到抒情目的即可；戏曲重叙事，所以一般而言文字往往较长、较繁。《闲情偶寄·词采第二》前言中就从长短的角度对戏曲与诗余（词）做了比较："诗余最短，每篇不过数十字"，"曲文最长，每折必须数曲，每部必须数十折，非八斗长才，不能始终如一"。而这种比较做得更精彩的是《窥词管见》，它处处将诗、词、曲三者比较，新见迭出。《窥词管见》是从词立论，以词为中心谈词与诗、曲的区别。这样一比较，诗、词、曲的不同特点，历历在目，了了分明。《闲情偶寄》则是从曲立论，以戏曲为中心谈曲与诗、词的区别。《闲情偶寄·词采第二》中，李渔就抓住戏曲不同于诗和词的特点，对戏曲语言提出要求。这些论述中肯、实在，没有花架子，便于操作。

抒情性之诗文多为文化素养高的文人案头体味情韵，故文字常常深奥；叙事性之戏曲多为平头百姓戏场观赏故事，文字贵显浅。就此，李渔《词曲部·词采第二·贵显浅》一再指出："诗文之词采，贵典雅而贱粗俗，宜蕴藉而忌分明。词曲不然，话则本之街谈巷议，事则取其直说明言。"

尤其值得注意的是，李渔之所以特别重视戏曲的"结构"，特别讲究戏曲的"格局"，也是因为注意到了戏曲不同于诗文的叙事性特点。戏曲与诗文相区别的最显著的一点是，它要讲故事，要有情节，要以故事情节吸引人,所以"结构"是必须加倍重视的。正是基于此,李渔首创"结构第一",即必须"在引商刻羽之先,拈韵抽毫之始"就先考虑结构:"如造物之赋形,当其精血初凝,胞胎未就,先为制定全形,使点血而具五官百骸之势。倘先无成局,而由顶及踵,逐段滋生,则人之一身,当有无数断续之痕,而血气为之中阻矣。……尝读时髦所撰,惜其惨淡经营,用心良苦,而不得被管弦、副优孟者,非审音协律之难,而结构全部规模之未善也。"而结构中许多关节,如"立主脑""减头绪""密针线""脱窠臼""戒荒唐"等,就要特别予以考量。至于"格局"("家门""冲场""出脚色""小收煞""大收煞"等),如"开场数语,包括通篇,冲场一出,蕴酿全部,此一定不可移者。开手宜静不宜喧,终场忌冷不忌热","有名脚色,不宜出之太迟",小收煞"宜紧忌宽,宜热忌冷,宜作郑五歇后,令人揣摩下文,不知此事如何结果",大收煞要"无包括之痕,而有团圆之趣","终篇之际,当以媚语摄魂,使之执卷留连,若难遽别",等等,也完全是戏曲不同于诗文的叙事特点所必然要求的。

其次,是拿戏曲同小说相比,突出戏曲的舞台性。李渔在醉耕堂刻本《三国志演义》序中有一段很重要的话:"愚谓书之奇,当从其类,《水浒》在小说家,与经史不类。《西厢》系词曲,与小说又不类。"[①] 这段话的前一句,是说虚构的叙事(小说《水浒》)与纪实的叙事(经史)不同;这段话的后一句,是说案头阅读的叙事(小说《水浒》)与舞台演出的叙事(戏曲《西厢》)又不同。这后一句话乃石破天惊之语,特别可贵。因为李渔的前辈和同辈似乎都没有说过小说与戏曲不同特点的话,好像也不曾注意到这一点。这显示出李渔作为"曲中之老奴"和天才曲论家的深刻洞察力和出色悟性。李渔所说

[①] 此序确为李渔所作,国家图书馆藏醉耕堂刻本四大奇书之《三国志演义》(2022年5月国家图书馆出版社已正式出版此书),卷前即是此序。浙江古籍出版社1991年版《李渔全集》第十八卷第538页,将此序作为补遗收入。

"《西厢》系词曲，与小说又不类"这句话，表明他是一个真正了解戏曲艺术奥秘的人，他特别细致地觉察到同为叙事艺术的戏曲与小说具有不同特点。将以案头阅读为主的小说同以舞台演出为主的戏曲明确地区别开来，这在当时确实是个巨大的理论发现。

仔细研读《李笠翁曲话》的读者会发现，该书论戏曲，都围绕着戏曲的"舞台演出性"这个中心，即李渔自己一再强调的"填词之设，专为登场"。在《词曲部》中，他论"结构"，说的是作为舞台艺术的戏曲的结构，而不是诗文或小说的结构；他论"词采"，说的是作为舞台艺术的戏曲的词采，而不是诗文或小说的词采；而"音律""科诨""格局"等更明显只属于舞台表演范畴。至于《演习部》的"选剧""变调""授曲""教白""脱套"等，讲的完全是导演理论和表演理论；《声容部》中"习技"和"选姿"则涉及的是戏曲教育、演员人才选拔等问题。总之，戏曲要演给人看，唱给人听，而且是由优人扮演角色在舞台上给观众叙说故事。笠翁曲论的一切着眼点和立足点，都集中于此。

我还要特别说说宾白。因为关于宾白的论述，是笠翁特别重视戏曲叙事性和舞台表演性的标志之一，故这里先谈宾白与舞台叙事性的关系；至于宾白本身种种问题，后面将专门讨论。《词曲部·宾白第四》说："自来作传奇者，止重填词，视宾白为末着。"这是事实。元杂剧不重宾白，许多杂剧剧本中曲词丰腴漂亮，而宾白则残缺不全。元代音韵学家兼戏曲作家周德清《中原音韵》谈"作词"时根本不谈宾白。明代大多数戏曲作家和曲论家也不重视宾白，徐渭《南词叙录》解释"宾白"曰："唱为主，白为宾，故曰宾白。"可见一般人心目中宾白地位之低；直到清初，李渔同辈戏曲作家和曲论家也大都如此。这种重曲词而轻宾白的现象反映了这样一种理论状况：重抒情而轻叙事。中国古代很长时间里把曲词看作诗词之一种（现代有人称之为"剧诗"），而诗词重在抒情，所以其视曲词为诗词，即重戏曲的抒情性；宾白，犹如说话，重在叙事，所以轻宾白即轻戏曲的叙事性。

李渔则反其道而行之，特别重视宾白，把宾白的地位提到从来未有的高度，《宾白第四》又说："尝谓曲之有白，就文字论之，则犹经文之于传注；就物理论之，则如栋梁之于榱桷；就人身论之，则如肢体之于血脉，非但不可相轻，且觉稍有不称，即因此贱彼，竟作无用观者。故知宾白一道，当与曲文等视，有最得意之曲文，即当有最得意之宾白，但使笔酣墨饱，其势自能相生。"何以如此？这与李渔特别看重戏曲的舞台叙事性相关。因为戏曲的故事情节要由演员表现和叙述出来，而舞台叙事功能则主要通过宾白来承担。李渔对此看得很清楚："词曲一道，止能传声，不能传情。欲观者悉其颠末，洞其幽微，单靠宾白一着。"

对宾白做这样的定位，把宾白提到如此高的地位，这是李渔之功劳。李渔《词曲部·宾白第四·词别繁减》中说："传奇中宾白之繁，实自予始。海内知我者与罪我者半。知我者曰：从来宾白作说话观，随口出之即是，笠翁宾白当文章做，字字俱费推敲。从来宾白只要纸上分明，不顾口中顺逆，常有观刻本极其透彻，奏之场上便觉糊涂者，岂一人之耳目，有聪明聋聩之分乎？因作者只顾挥毫，并未设身处地，既以口代优人，复以耳当听者，心口相维，询其好说不好说，中听不中听，此其所以判然之故也。"

李渔对宾白的重视，是著名学者朱东润教授在 1934 年发表的《李渔戏剧论综述》[①]一文中最先点明的，并且认为李渔此举"开前人剧本所未有，启后人话剧之先声"，眼光不凡；1996 年黄强教授《李渔的戏剧理论体系》又加以发挥，进一步阐述了宾白对于戏剧叙事性的意义，说"宾白之所以在李渔的戏剧理论和创作实践中大张其势，地位极高，实在是因为非宾白丰富不足以铺排李渔剧作曲折丰

---

① 朱东润：《李渔戏剧论综述》，原载 1934 年 12 月出版的《文哲季刊》第三卷第四号，收入浙江古籍出版社 1991 年版《李渔全集》第二十卷第 114~134 页。

富、波澜迭起的故事情节"。他认为古典戏剧多"抒情中心",曲论多"抒情中心论";而宾白的比例大、地位高,则会量变引起质变,会出现"叙事中心"①。

总之,笠翁曲论的超越和突破性贡献,概括说来有两点:一是表现出从抒情中心向叙事中心转变的迹象②,二是自觉追求和推进从"案头性"向"舞台性"的转变。《李笠翁曲话》作为我国第一部富有民族特点并构成自己完整体系的古典戏曲美学著作,在中国古典戏剧美学史上,很少有人能够和它比肩;李渔之后直到大清帝国覆亡,也鲜有出其右者。

---

① 黄强:《李渔的戏剧理论体系》,见《李渔研究》,浙江古籍出版社,1996,第33~34页。
② 但是,最近也有学者提出不同看法,似乎认为李渔此论并非功之首而是祸之始。中国艺术研究院戏曲研究所所长刘祯研究员说:"李渔是古典戏曲理论的集大成者和终结者,他的戏曲理论尤其是'结构论'、'非奇不传'论等又与现代戏剧理论颇多契合,这使得20世纪戏曲在理论观念上出现一种误导,认为这种'戏剧化'过程是中国戏曲固有的追求和品格。"刘祯给自己预设的一个理论前提是:戏曲与戏剧是不同的,甚至是对立的。他说:"戏曲是一种诗化、写意的舞台艺术。关于戏曲和话剧差别有一个形象的比喻:话剧是把米做成饭,戏曲是把米酿成酒。这个比喻非常深刻地揭示了戏曲和话剧的本质区别。戏曲重视不重视情节、结构、人物、矛盾冲突?重视!凡是一种戏剧,它肯定要讲究人物塑造、构织矛盾冲突,有故事的起承转合。从历史和现实来看,中国戏曲最优秀的作品也都是体现了这些方面的。但是除此以外,中国戏曲更重视诗化、诗性和写意空灵。而且所有这些剧作所讲究的情节、结构、人物塑造也好,也不是说像现在人们所看到的'话剧加唱',而是所有这些要素最终都变成体现中国戏曲写意和诗性总体原则的有机构成。"(刘祯《中国戏曲理论的"戏剧化"与本体回归》,《文艺报》2009年11月12日第7版)刘祯的意见很值得重视,尤其是他对中国戏曲"更重视诗化、诗性和写意空灵"等特点的把握很到位很精彩,我是同意的(也有台湾学者对中国戏曲不同于西方戏剧的特点谈到过一些重要意见,如台湾"中央大学"教授孙玫《跨文化语境下中国传统戏曲表演体系之研究》和台湾中国文化大学教授王士仪《一门愈是成熟的知识,愈是这门专用术语的成熟》,都提出一些富有启示性的看法——均见《文艺报》2009年11月12日第7版)。但是李渔重视戏曲的叙事性是功不是过,还应作历史主义的客观的评价,我不认为它是祸之始而认为是功之首。这是今后需要研究的一个课题。

从《怜香伴》谈到《笠翁十种曲》

一

《怜香伴》是流传至今的康熙翼圣堂本《笠翁传奇十种》（有的刻本亦曰《笠翁十种曲》）之第一部，也许是笠翁传奇创作最早的一部。

李渔一生究竟撰写过多少传奇作品？他自己在《闲情偶寄·词曲部》中说："……虽不敢望追踪前哲，并辔时贤，但能保与自手所填诸曲（如已经行世之前后八种及已填未刻之内外八种）合而较之，必有浅深疏密之分矣。"① 据此可知，他至少写过"前后八种""内外八种"共十六种以上传奇，而文学研究所古代文学研究室的专家更断定"他写的剧本保存下来十八种"②。在李渔当年，与他上面的话相呼应，他的友人郭传芳在为《慎鸾交》作序时也说："……此笠翁所以

---

① 《闲情偶寄·词曲部·音律第三》，《李渔全集》第三卷，浙江古籍出版社，1991，第30页。
② 中国科学院文学研究所中国文学史编写组编写《中国文学史》，人民文学出版社，1963，第1035页。

按剑当世，而为前后八种之不足，再为内外八种以矫之。"但是，虽然他写了十六种（按保守的估计）以上，而正式刊印并在世间流传的却没有那么多，大约最初一段时间是"八种"，后来是"十种"——李渔在世时即是如此。这有李渔自己的话为证。其一，前面所引李渔话中确切说明："已经行世之前后八种，及已填未刻之内外八种"。说这话是在什么时间？是在撰写《闲情偶寄·词曲部》到《音律第三》这部分时。按，李渔《闲情偶寄》的写作大约从康熙五年（1666）五十六岁前后开始，到康熙十年（1671）冬季成书并印行，时李渔六十一岁。写到《音律第三》部分，大约在康熙六年（1667）前后，因为《闲情偶寄·词曲部·音律第三》之前有陆丽京的眉批，据考，陆丽京在康熙六年逃禅，[①] 这之后不大可能作眉批。而郭传芳为《慎鸾交》作序也正是在康熙六年（1667）。到康熙七年（1668）《巧团圆》传奇写成时，其第一出有《西江月》一首，仍自谓"浪播传奇八种，赚来一派虚名"，因此可以断定此时李渔传奇刊行的仍只有"前后八种"[②]。其二，这之后，当写到《闲情偶寄·词曲部·宾白第四》时，大约是康熙九年[③]（1670）前后，李渔六十岁时，自谓"如其天假以年，得于所传十种之外，别有新词，则能保为犬夜鸡晨，鸣乎其所当鸣，默乎其所不得不默者矣"，就是说，这时刊行流传的已经由"八种"增加到"十种"了。由"八种"增为"十种"相隔不会太久，应该就在一两年之间，但确切时间无法弄清。

---

① 参见单锦珩《李渔年谱》："康熙六年丁未（1667）……陆圻（字丽京）弃家归禅。"见《李渔全集》第十九卷，浙江古籍出版社，1991，第54页。

② 据我推测，一般说这"八种"应该包含在流传至今的"十种曲"之内，而不包括《巧团圆》，但究竟是哪八种，无法确切指明；而其"内外八种"则属"已填未刻"，但究竟是哪八种也无法确切知道。当时已经行世的传奇作品，起初是单本印行或数本合刊，顺治十八年（1661）钱谦益八十岁时应邀作《李笠翁传奇序》，大概就是为当时印行的传奇集子作序。但康熙八年（1669）或九年（1670）之前的传奇合集，应该少于八种，或顶多八种——如李渔自己所说"已经行世之前后八种"；到康熙八九年之后，李渔传奇作品达到十种，而且直到李渔去世，其传奇作品真正刊行流传者，也不过他自己所说的"所传十种"。

③ 扬州大学黄强教授认为应是康熙七年。

《笠翁传奇十种》作为李渔戏曲作品的合集，大约也就是在这个时候（康熙九年左右）或者稍后，由康熙翼圣堂印行；而且我推测，它亦如《闲情偶寄》和《笠翁一家言》（初集、二集）一样，是由李渔自己编定付梓的，不然，李渔何以常把"所传十种"这句话挂在嘴边？正因为康熙翼圣堂本是李渔在世时由他自己编定刊印的，所以它是一个可靠的本子。这个本子也是今天我们所能看到的李渔十种传奇作品合集的最早刊本。我在国家图书馆善本书库中所见《笠翁传奇十种》，据该书库工作人员讲，经鉴定为康熙翼圣堂刻本；但遗憾的是，它有少量残缺——已经丢掉了原来的插图，也失去了原刻书社（翼圣堂）和刻印年代标志，因此我不敢断定它就是首刻本。也许它虽非首刻，却是与首刻本时间相近亦由翼圣堂刊印的本子。

据有关专家称，翼圣堂本《笠翁传奇十种》问世"稍后又有世德堂本行世，其后翻刻本多更名为《笠翁十种曲》"[①]。浙江古籍出版社1991年版《李渔全集》之《笠翁传奇十种》即以康熙翼圣堂本为底本，以世德堂本为参校。很遗憾，世德堂本虽然被中国大陆和台湾一些大学图书馆收藏，但我至今没有看到。所幸，我供职的中国社会科学院文学研究所藏有另外两种善本书：一种是康熙刊印成套且保存完好的《笠翁十种曲》；另一种也是清刻本，但只是《怜香伴传奇》单本。这后一种之为单本，我估计有两种情况：或原来即是单行本，或原来成套（是原《笠翁传奇十种》之一还是《笠翁十种曲》之一，已无法弄清）后散落成单[②]。中国社会科学院文学研究所藏康熙刻本

[①] 《李渔全集·笠翁传奇十种·点校说明》，《李渔全集》第四卷，浙江古籍出版社，1991，第1页。我在国家图书馆古籍阅览部看到另一版本的《笠翁传奇十种》，书前扉页刻有"步月楼藏板"字样，具体刻印时间不详，有插图，有眉批，应是后来的翻刻本之一。由此可知，翻刻本并不尽名《笠翁十种曲》，也有以《笠翁传奇十种》名之者。另据"中国戏曲网"《中国戏曲刻家述略》说，《笠翁传奇十种》还有芥子园、经术堂、大知堂、大文堂、宏道堂等多种刻本，惜我未见，不能证实确否。

[②] 据我从该书首圆形插图看，似与我在国家图书馆古籍阅览室所见步月楼本（书首亦是圆形插图）相近。

《笠翁十种曲》是很好的本子,其刊刻字迹比较清晰,历历可辨;唱词正文与衬字、宾白,分大小不同字体印出;书首插图和书页眉批,皆保存齐全,其中少量眉批与《笠翁传奇十种》略有差异,可以互相参照取优。而且我身为文学研究所中人,得天独厚,以地利人和之便,虽不可借出此善本书,却可以多次、长期去善本阅览室仔细查阅。我受普罗之声文化传播有限公司和林兆华戏剧工作室《怜香伴》剧组之托对之进行校注,即以中国社会科学院文学研究所藏康熙刻《笠翁十种曲》本为底本,以文学研究所另一藏本及国家图书馆藏本、浙江古籍出版社《李渔全集》本为参照。

因为作为底本的康熙刻本可靠,故在这次做校注时,几乎原样遵循而不需也不敢妄动,只有极少的字我做了校正。例如第七出《闺和》最后"忙投秦火,灾贻雪涛"二句,我看到的所有本子(中国社会科学院文学研究所藏两种刻本、国家图书馆藏《笠翁传奇十种》本、浙江古籍出版社《李渔全集》本)都作"雪涛";但我认为"雪"字是一个明显的错别字。从前后文看,此处"雪涛"当指"薛涛笺"。它是唐代名笺纸,又名"浣花笺""松花笺""减样笺""红笺",是被唐代著名女诗人薛涛用过的一种红色小幅诗笺,唐宪宗元和年间(806—820)造于成都郊外浣花溪的百花潭。北宋苏易简《文房四谱》云:"元和之初,薛涛尚斯色,而好制小诗,惜其幅大,不欲长,乃命匠人狭小为之。蜀中才子既以为便,后裁诸笺亦如是,特名曰薛涛焉。"因此,原刻"雪涛",应为"薛涛"。再如第二十九出《搜挟》描写京畿御史奉旨监场的那段宾白,本是京畿御史在说话,应该是"末";但是清代翼圣堂本、世德堂本、步月楼本、文学研究所藏《笠翁十种曲》本,以及当代浙江古籍出版社《李渔全集》本,全部误为"旦",既不合剧情,也不合情理,经与扬州大学黄强教授往来切磋,将"旦"字改为"末"。还有一处,即文学研究所藏康熙刻本书首虞巍玄洲为《怜香伴》所作《序》原文中有"鸰鬵效寡"句，其"鸧羹"即"鸧鹒"①鸟，故应作"鸧鹒效寡"，"羹"是白字，今据《笠翁传奇十种》本改。第十八出《惊飓》中间的一段宾白有一句"如今在那边备马"，其"备"字，《笠翁十种曲》、《笠翁传奇十种》、步月楼本、《李渔全集》本皆作"被"，亦是个白字，今改。另，有少数眉批，《笠翁十种曲》本与《笠翁传奇十种》本不同，今经比较甄别，取优而存——我已在所选取文字之后，加括号予以说明。

二

以往史家和李渔研究者对李渔戏曲作品评价不一，有一部分人（包括我自己在内）对李渔戏曲（主要对其思想内容）评价较低，有的过低，有失公正，特别在"文化大革命"之前更是如此。较具代表性者，如1963年人民文学出版社出版、中国科学院文学研究所集体编著的《中国文学史》："（李渔）继承并且恶性发展了阮大铖的错误的创作倾向，专以离奇故事和生造关目取胜，思想感情和语言风格都很庸俗卑下，在所谓'场上之曲'里实际也只是以排场热闹、情节错综招徕观众而已。"（该书第1035页）到改革开放之后，情况大有改变，虽然对李渔戏曲作品思想内容挑剔过严、过苛，有的地方失当，但学者们大体能够比较实事求是地看待李渔。我也举一个比较有代表性的例子，1997年复旦大学出版社出版，章培恒和骆玉明主编《中国文学史》（三卷本）第八编第三章第二节"李渔的戏剧理论与创作"：

---

① 《诗经》中"鸧鹒"作"仓庚"，亦不见"鸧羹"之用法：《诗经·小雅·出车》有"春日迟迟，卉木萋萋。仓庚喈喈，采蘩祁祁"句，《诗经·豳风·七月》有"春日载阳，有鸣仓庚"句。

他的戏剧创作，完全是为了提供娱乐，所写的题材，大抵是才子佳人一类容易投人所好的故事，而且大多写成喜剧、闹剧，有的甚至以荒唐情节博笑（如《奈何天》写一奇丑男子连娶三个绝色美女）。除了《比目鱼》等少数几种，李渔的剧作立意不高，常流露一种庸俗的市井趣味。《慎鸾交》开场曲云："年少填词填到老，好看词多，耐看词偏少。"这大约可以看作李渔对自己戏剧创作的老实话。

　　但作为一个经过晚明思潮熏陶而又深谙人情世故的才子，李渔的剧作仍有值得注意的地方。就像作者反复讥刺"假道学"所显示的，这些戏剧大多表现了满足人生快乐、满足情与欲的要求的愿望。如《凰求凤》，写三个美女争嫁一个才子，立意很平庸，但其主线是写妓女许仙俦为得到她所钟意的情郎而竭尽心智，却不乏真实感和生活气息；又如《玉搔头》，写明武宗微服嫖妓，得一美色妓女，趣味也不高，但剧中突出二人之痴于情，却又有可爱的一面。由于李渔偏向于肯定人欲的合理性，所以写人物比较有生气，格调虽不高雅，性情却有着世俗化的活跃性。另外，李渔的戏剧中，还常常用戏谑的语言嘲弄社会中的陋习和人性的可笑一面，表现出他洞察世情的机智。如《风筝误》中，借丑角戚施之嘴宣扬游戏之乐，指责"文周孔孟那一班道学先生，做这几部经书下来，把人活活的磨死"，又笑世人的诗文迂腐平板，"十分之中，竟有九分该删"，让这"俗人"对"雅人"大肆讥讽，实有寓庄于谐的深意。这一类内容，也使李渔的戏剧常令人会心一笑，不觉得枯燥呆板。

　　在《笠翁传奇十种》中，《比目鱼》写得最为感人。剧中写贫寒书生谭楚玉因爱上一个戏班中的女旦刘藐姑，遂入班学戏，二人暗中通情。后藐姑被贪财的母亲逼嫁钱万贯，她誓死不从，借演《荆钗记》之机，自撰新词以剧中人物钱玉莲的口吻谴责母亲贪恋豪富，并痛骂在场观戏的钱万贯，然后从戏台上投入江水，谭亦随之投江。二人死后化为一对比目鱼，被人网起，又转还人形，得以结为夫妇。一种生死不渝的儿女痴情，表现得淋漓尽致。戏中套戏的情节，也十分新奇。另外，据元人杂剧《柳毅传书》、《张生煮海》改编、合二龙女事的《蜃中楼》，写男女痴情，也比较符合一般欣赏习惯。

李渔剧作在艺术技巧方面，较好地体现了他在《闲情偶寄》中提出的原则。其中最特出的一点，是剧情新奇，结构巧妙，绝不入前人陈套。而且，他很少利用神鬼出场起转接作用，而是发挥想象，编造巧合的情节，虽出人意外，却又针线细密，不显得怪诞粗鄙。《风筝误》写两对男女之间误会迭生的故事，是特出的一例。他的曲辞写得不算精美，但总是老练流畅。宾白则尤其富于机趣，音调铿锵，朗朗上口，是过去剧作中少见的。

总之，李渔的戏剧虽有情趣较为低俗、缺乏理想光彩的缺陷，却也善于描绘常人的生活欲望，在离奇的情节中表现出真实的生活气氛，剧本的写作，更富于才情和机智。以前对此评价过低，是包含偏见的。

这几段话代表了这一时期多数学者的观点。

以前我自己对李渔戏曲理论虽然倍加赞赏，对其戏曲作品艺术性也有所推崇，而对其思想性则颇有微词。在拙著《论李渔的戏剧美学》（1982）和《李渔美学思想研究》（1998）第一章第一节引言中我都说了这样一段话：

从通常流行的《笠翁十种曲》来看，除了前面我们曾经提到的《比目鱼》和《蜃中楼》是较好的两部传奇之外，其余八部，就其思想性而言，并无深刻的内容。譬如，《奈何天》，写阙里侯富有而相貌丑陋,他用欺骗的方法娶了三个妻子,但都因他丑陋而不与同居,后来阙里侯被封为尚义君,经天帝改变了他的形骸,才与三个妻子和好。《怜香伴》,写石坚的妻子崔云笺和学官曹有容的女儿曹语花两个女子相慕怜,相约来生结成夫妻,而崔云笺为了与曹语花生活在一起,竟对自己的丈夫又娶曹语花为妻感到无限喜悦。《意中缘》,写扬州女子杨云友委身于画家董其昌,经过曲折奇特的磨难,终于遂愿。《风筝误》,写书生韩世勋因拾得一个风筝,题和诗,而与詹淑娟结成婚姻。《巧团圆》,写尹小楼无子而想子,扮为孤苦老汉,出卖与人作父,而姚克承竟然将他买回作为父亲奉养。《玉搔头》,写"风流天子"和妓女的恋爱。《凰求凤》,则写女性追求男性,设计夺夫。这些作品,虽然艺术技巧上有许多精彩之处,但就其思想性而言,不能算上乘之作。总地来说,李渔的戏剧创作在中国戏剧史上没有什么突出成就和重要地位。而且,从艺术形式上来看,虽然他的传奇在技巧上大都能够作到针线细密,结构谨严,线索清晰,照应周到,波澜起伏,有开有煞——这些与他的理论主张是一致的;然而,他却或多或少受到明末阮大铖一派创作倾向的不良影响,在许多作品中追求离奇故事,生造关目,过于纤细淫巧。这就与他反对在传奇创作中追求荒唐怪异的离奇情节的理论主张背道而驰了。

这段话中就李渔戏曲的思想内容所作的批评,是尤其偏颇的、不公正的。

现在重读李渔戏曲作品,有了新的感受。李渔当然有他的历史局限和思想局限,但是不能超越李渔所处的时代而对他作非历史主义的苛求。其实李渔是一个思想相当敏锐且富有正义感的戏曲作家和小说作家(他的许多传奇作品是对其小说的重写或改编:《奈何天》来自

《玉郎君》,《比目鱼》来自《谭楚玉》,《巧团圆》来自《生我楼》,等等),他善于捕捉当时社会(明末清初)所存在的社会现实问题,如官员腐败、科举作弊、武不能战、文不能谏、地痞欺人、流氓行骗等,用幽默的语言和讽刺的手法加以针砭和嘲笑。诚然,李渔没有"宏伟叙事",没有或少有历史性大场面,他的生活经历和人生体验也没有提供给他写"历史画卷""盖世英雄"之类所谓"大题材"的条件和机会;但是他熟悉普通人的生活和人情世故,熟悉"儿女情长",尤其对市井小民观察得入木三分,在这里他大有用武之地。他善于提炼日常生活中所蕴含的人们习焉不察的审美价值和人生哲理,选择富有典型意义的人物、情节加以表现,艺术上不温不火,情趣盎然,自然天成,常常能使人在娱乐欢笑中潜移默化地受到启迪。像《怜香伴》,就有许多值得称道的地方,如剧中两位青年女子崔笺云和曹语花的特殊心理情态,一些下层官员和士人(如江都教谕汪仲襄和中进士之前的曹有容)的穷酸模样,还有那帮青年秀才的世态情貌等,都刻画得有声有色、细致生动;而恶棍混混周公梦一系列令人作呕的行径也写得活灵活现。今天特别值得一提的是,此剧写了一个十分特殊的题材——女同性恋。过去我不这么看,一般人也不这么看。但我近来受台湾几位李渔戏曲研究者的启发(特别是台湾师范大学黄丽贞教授指导的关于李渔《怜香伴》的研究生论文),回头再仔细琢磨个中情景,确如所言。这大概是中国古典戏曲中唯一写女同性恋的一部,因此格外值得关注。这部传奇也有不太令人满意的地方,即虽然大部分语言典雅优美却失之于用典过多,掉书袋,陷于他自己后来所批评的"书呆子"气。这或许是因为此剧乃他之"第一部"[①],语言运用尚不纯熟。然而,总的说,从这"第一部"仍然可以看到李渔的才气横溢,字里行间充满激情,有一股跃动着的生命之火在燃烧。

---

① 参见单锦珩《李渔年谱》的有关介绍,《李渔全集》第十九卷,浙江古籍出版社,1991,第24页。

以往人们之所以对李渔戏曲作品的思想内容评价不高,恐怕与近数十年的美学偏见有关。在评价作家作品时,无论古今中外,总是自觉不自觉地用作品有没有所谓"宏伟历史价值"或"重大社会意义"等作为唯一标准来衡量其高低。类似,古代文学艺术中的许多作家、作品也被今天的史家和论家如是对待。我认为,社会生活是丰富多样的,有惊涛骇浪也有风平浪静,有侠肝义胆也有儿女情长;人们的审美需求也是多种多样的,不能光是"宏伟叙事"而没有"儿女情长",也不能光是"儿女情长"而没有"宏伟叙事"。只要社会上大多数人需要,不管是"宏伟叙事"还是"儿女情长",只要是有价值的,就有存在的权利,就不能给以歧视甚至予以剥夺。

我在中央电视台的《世界地理》节目里,看到一个叫殳俏的美食专栏作家,一个十分睿智的不满三十岁的家庭主妇兼自由写作者。她创作侦探小说,而主要是开辟专栏写"食物"——她不叫"美食",因为她认为每一种食物自有其存在意义,一切食物都是平等的,不太好吃甚至不好吃的食物也有存在权,就像好看的人和不好看的人是平等的、都有生存权一样。不好看,你也不能歧视它。如果把她的理论套用到对艺术作品的"宏伟叙事"与"儿女情长"的评价上,我看也是适用的:只要人民群众需要,谁都不应被歧视。殳俏说:"我以写人的方法写食物,因为人和食物是平等的。"并且她以这句话做她的书的名字——《人和食物是平等的》。这书很畅销,很受欢迎。如果在以往,有人可能瞧不起像殳俏这样的作家,认为她的作品缺乏思想意义,可我现在不这么想。如前所说,这个社会固然需要微言大义,需要宏伟叙事,需要《人民日报》社论;但是人们的需求是多方面的,只要无害有益,哪怕不那么"大义",不那么"宏伟",也应该有权生存,也有存在价值,并且也应该受到欢迎,也可以给予高度评价。回头来说对李渔的评价。历史需要李玉的《清忠谱》,需要孔尚任的《桃花扇》,同样需要李渔的《笠翁传奇十种》。就像现代,历史需要鲁迅,需要郭沫若,需要茅盾;同样,历史也需要沈从文,需要张恨水,需要钱锺书。

三

这次应普罗之声文化传播有限公司和林兆华戏剧工作室之约,为其"三百年来首演昆曲《怜香伴》"做文学顾问,并为原传奇剧本做校注,以鄙人之学识、功力,实在勉为其难;而且,以短短一两个月时间校注一部传奇剧本,时间也十分紧迫。我刚刚校注过李渔的《闲情偶寄》和《窥词管见》,深知其中甘苦。以我的体会,为一部十万字的古典作品做校注,比写一部十万字的专著要困难得多,时间花费也更多——没有做过校注的人是体会不到的。但是,我还是咬牙将这个任务承担下来。

那些天,我除了跑国家图书馆和文学研究所图书室看善本书之外(化用奥地利作家茨威格的话:这些天我不在家就在图书馆,不在图书馆就在去图书馆的路上[①]),每天在家基本分三段时间工作:每早六点钟起床,工作一个早上;早饭后稍做体操、散步,工作一上午;午饭后小憩半个多小时,工作一下午。晚上,除非一段注释工作意犹未尽、欲罢不能、身不由己加加班之外,一般是看电视,休息。困难实在太多。好在我的"朋友遍天下",遇到困难总是有众多热情帮助者。譬如遇到急需之图书而我买不到,一个电话打给中华书局的编辑朋友——我的插图本《闲情偶寄》责任编辑李丽雅同志,她立即寄来我所要的书;有的书北京没有,我的同事高建平研究员和天津师范大学的刘顺利教授则设法在天津购买。特别是注释中遇到许多困难,我

[①] 茨威格的话大意是:我不在家就在咖啡馆,不在咖啡馆就在去咖啡馆的路上。

以电子邮件形式求救于本所古代文学研究室的专家朋友，他们都花费很多时间为我做详细解答。有的出差在中国台湾或在日本，在缺少资料的情况下还尽力满足我的要求。他们的真挚友情令我十分感动。他们是：刘世德研究员、刘扬忠研究员、蒋寅研究员、王学泰研究员、陈祖美研究员、李玫研究员等。

我在这里选两封他们具有代表性的信，记录下他们的友谊于一二。

刘扬忠信：

书瀛先生：

所询问各条，试回答如下：

"青雀"非"铜雀"，乃"青雀台"，为神话传说中汉武帝藏美女之台。旧题汉郭宪《洞冥记》卷四："唯有一女人爱悦于（汉武）帝，名曰巨灵。帝旁有青珉唾壶，巨灵乍出入其中，或戏笑帝前。东方朔望见巨灵，乃目之，巨灵因而飞去，望见化成青雀。因其飞去，帝乃起青雀台。"

"无术昆仑"之"昆仑"指唐传奇中的昆仑奴磨勒。这篇传奇写书生崔某与某一品勋臣的歌妓红绡相恋，但一品家门垣深密，锁禁甚严，无由相会；幸得崔生家中老仆昆仑奴磨勒帮助，救红绡出牢笼，使有情人终成眷属。《太平广记》卷194收此篇，即名《昆仑奴》。明梁辰鱼据以写出《红绡》杂剧，梅鼎祚则写有《昆仑奴》杂剧。

"把娄师面唾"中"娄师"指唐代宰相娄师德。娄师德"唾面自干"的典故，出自《新唐书·娄师德传》。可自查。

"白莲池曾经卧龙"中"白莲池"并非用典，仅为了与下一句"翠杨枝"对仗耳。"卧龙"则是用典，《三国志·诸葛亮传》徐庶向刘备荐举诸葛亮时，即称亮为"卧龙"，后因用以喻隐居或尚未露头角的杰出人才。

"四壁佳篇，早着纱笼"，即"碧纱笼"之典。典出王定保《唐摭言》卷七"起自寒苦"条：唐王播少孤贫，客居扬州惠昭寺木兰院，随僧斋食，为诸僧所不礼。后播贵，重游旧地，见昔日在该寺四壁上所题诗句，僧用碧纱盖护，因题曰："二十年来尘扑面，如今始得碧纱笼。"又宋吴处厚《青箱杂记》卷六载：宋隐士魏野曾与寇准同游陕西僧舍，各有留题。后复同游，见寇准诗已被寺僧用碧纱笼盖护，而自己的诗则尘昏满壁，从行官妓忙用衣袖拂尘，魏野吟出两句诗道："若得长将红袖拂，也应胜似碧纱笼。"

"子奇治阿"之典，见《后汉书·顺帝纪·阳嘉元年》唐李贤注引刘向《新序》，但今本《新序》无此文。

"硬分开双龙一匣"，即双剑化龙之典。据《晋书·张华传》，晋张华与雷焕共观天文，见斗牛之间有紫气，知江西丰城地下埋有宝剑，乃令雷焕为丰城令去寻剑。雷焕到该县后，掘地四丈余，得一石匣，内有双剑。张华、雷焕各分一把宝剑。后张华被杀，其剑失踪。雷焕死后，其子雷华持其剑过福建延平津，剑忽从腰间跃出，坠入水中。雷华令人入水打捞，不见剑，只见两条龙，各长数丈，在水中飞舞，光彩照水，波浪惊沸。于是两把宝剑都失去了。

"星期尚未瓜"指婚期尚未到。星期，本指七月初七牛郎织女会合之期，后用以指婚期。"尚未瓜"之"瓜"，本指"瓜代"之期（即官员任职期满由别人接任，典出《左传》)，此处与"星期"混用，是指婚期尚未到。

"阳城党薛"不知所指为何，待查。

顺问近好。

扬忠　4月16日

王学泰信：

书瀛先生：

《诗经·小雅·出车》"春日迟迟，卉木萋萋。仓庚喈喈，采蘩祁祁"，《诗经·豳风·七月》"春日载阳，有鸣仓庚"，皆言仲春之月，大地回暖，万物昭苏，正当男婚女嫁之时。因此当仓庚鸣时，不宜效寡，作向隅之叹。"龙蛇"典出自《左传·襄公二十一年》"叔向之母妒叔虎之母美而不使，其子皆谏其母。其母曰：'深山大泽，实生龙蛇。彼美，余惧其生龙蛇以祸女。女敝族也，国多大宠，不仁人间之，不亦难乎。余何爱焉。'使往视寝，生叔虎，美而有勇力，栾怀子嬖之。故羊舌氏之族及于难。"这是讲妻嫉妒妾，怕她生个"龙蛇"以影响自己的孩子。这两句都是讲妻妾之间矛盾的，下两句"尹、桓"则是讲妻妾和谐的。

谨祝

文祺　学泰

我还要特别感谢扬州大学黄强教授。我曾到扬州参加一个学术会议，顺便拜访并就教于他。他认真审读了《怜香伴》校注本全稿，并提出了宝贵意见。今把他写来的信也抄录于下：

杜先生：

你好！烟花三月，扬州相遇，深感荣幸。

大作匆匆一过，获益良多。校注古籍不易，校注《怜香伴》这样用典甚多的剧本尤为不易。可以肯定，很少有人能够把这项工作做得像你一样好。你对李渔长期研究，知之甚深，遇到难题，如你所言，又有太多的高水平"顾问"，所以能做出这样功力深厚的校注本。

对于李渔的剧本，你能重新审视和评价，改变自己过去的一些认识，这种态度值得我学习。

少数细节问题和误字，提出来供参考。

"校注者言"第2页中关于《闲情偶寄·词曲部·宾白第四》的写作年代，你推算为康熙九年，我以为是康熙七年，参见拙著《李渔研究》第328页。（可以不必改）

第8页：《怜香伴》序文第一行"巾幅"应为"巾帼"。

第9页：《怜香伴》序文第三行"皆幸得御，夫子虽长贫贱，无怨"应作"皆幸得御夫子，虽长贫贱无怨"（《李渔全集》本此序中该处标点已误。"御"，侍奉义。"见其"以后的主语应是"妻妾"）

第32页注释426："旧称私塾学生习作诗文"应作"旧称私塾学生习作时文"。（因为李渔时代，学生一门心思学八股文，不能染指诗歌。剧本中也是实指时文）

第35页：第十二行"竞"应作"竟"。

专此奉复，祝大作早日问世。

黄强　09.5.7

由此可见，《怜香伴》的校注，其实是个集体作品，是我与我的众多朋友共同完成的。

通过《怜香伴》的校注工作，我越来越感到：

年届古稀虽有病却不危及生命而能愉快地活着是幸福的；

活着而尚能做自己喜欢的工作是更幸福的；

能做自己喜欢的工作且有众多朋友切磋学问是尤其幸福的。

受我这种幸福感的熏染，我的本来学自然科学的妻子也忙里偷闲加入我的工作中来，她自愿帮我到中国社会科学院文学研究所图书室善本书库对照《笠翁十种曲》校改书稿，还帮我拍照并扫描插图以备排印之用。我们俩的岁数加起来一百四十二岁，头发飘雪，腿脚虽还行走自如但已不算"灵便"和"健步"，在一群满头乌丝、青春洋溢的青年学子中穿行，也许还算得一道风景？

我之校注，吸收了以往许多专家、学者的研究成果，并得到朋友们的无私帮助；普罗之声的朋友还提供了该剧最初的电子文本。在此一并致以由衷谢意。

虽然得到众多好友和妻子帮助，而由于个人学识、功力有限，肯定有许多错讹疏漏之处，欢迎专家、读者批评指正。

李渔《耐歌词》

一

　　李渔主要以传奇、曲论、小说名世，不论生前身后，一提李渔，总想到他是大戏曲家、大曲论家、大小说家，而他作为诗人、词人和散文作家，反而被掩盖在阴影之中了。其实，李渔的诗词散文，也是很出色的，我在前几年写的《戏看人间——李渔传》（作家出版社，2014）中已略做陈述。但是，李渔的诗，特别是词，至今仍然并不广为人知——李渔的许多优秀词作被尘封在馆阁之内而不能摆在人们的精神餐桌之上被阅读、被品尝，殊为可惜。现在，趁编辑、注评《李笠翁词话》（即《窥词管见》）之机，也顺带将李渔的词，即《耐歌词》加以校注，附于后，贡献于读者面前。今天我要在此章中特别向读者推荐李渔的词作，对它的基本情况和艺术特色做简要介绍和评论，与读者共赏，也就教于方家。

据考，李渔生前亲手编定的词集有两种版本[①]：一种是康熙十二年夏编定并由翼圣堂印行的《笠翁一家言》初集中的"诗余"，其中绝大多数是小令，仅有三首中调和一首长调，这是他在康熙十二年夏以前所填词作——这一年是1673年，李渔六十三岁；另一种是李渔词作的总集《耐歌词》，分小令、中调、长调[②]三部分，共368首。他的两部词集都不是以年编次，而是以词调长短为序。而且，《耐歌词》并不在李渔自己编定的《笠翁一家言》二集[③]内，而是有单行本，大约是在康熙十六年（1677）或康熙十七年（1678）李渔亲自编定由翼圣堂刻印。《耐歌词》面世时，李渔撰写了"自序"。雍正八年（1730），芥子园主人将李渔的诗文、《闲情偶寄》、史论、杂著等作品汇集在一起（但不包括传奇），重新编为《笠翁一家言全集》出版，其卷八为词作总集（即《耐歌词》），但标为"笠翁余集"。

我所读到的是国家图书馆藏翼圣堂刻《耐歌词》，并参阅了中国社会科学院文学研究所藏芥子园本《笠翁一家言全集》之"笠翁余集"。这次校注，主要依据的就是上述两个本子，并参照了浙江古籍

---

① 关于这个问题，我同黄强教授进行过交流，下面是2017年4月13日黄强教授给我的信。

　　杜先生：

　　　您好！

　　　承蒙下问。李渔生前亲手编定的词集有两种版本。一种是《笠翁一家言初集》本，其中《诗集》卷七的下半卷（上半卷收七言绝句）与卷八收入词作，目录及正文均标目为"诗余"。此本于康熙十二年夏编定，收入的绝大多数是小令，可以肯定是其康熙十二年夏以前所作令词的全部作品，仅有3首中调和1首长调，但这些词都不能确定是以年编次的。另一种是《耐歌词》，系李渔词作的总集，分小令、中调、长调三部分。也就是说，李渔没有"以年编次"的"诗余"。

　　　　　　　　　　　　　　　　　　　　　　　　　　　　　黄强

　　黄强教授对李渔生平著作有深入研究和认真考证，他的意见是可信的。

② 长调、中调、小令：一般根据词的长短，将词分为：小令，也叫单调，一般认为58字以内；中调，一般分上下阕（或称上下片、上下段），58～96字；长调，超过96字，一般两阕（片、段），三阕（片、段）或三阕（片、段）以上。

③ 《一家言》二集乃康熙十七年戊午（1678）编辑出版，而且李渔生前只编辑出版了《一家言》初集和二集，可能并未编辑出版过全集。这需要进一步考证。

出版社 1991 年版《李渔全集》①。

前些年，我的一位淄博的老友发现了一部手抄本笠翁词，首页从《南乡子 第一体》之《寄书》起，下有"松龄之印"（阴刻篆书）和"蒲氏留仙"（阳刻篆书）两方钤印。

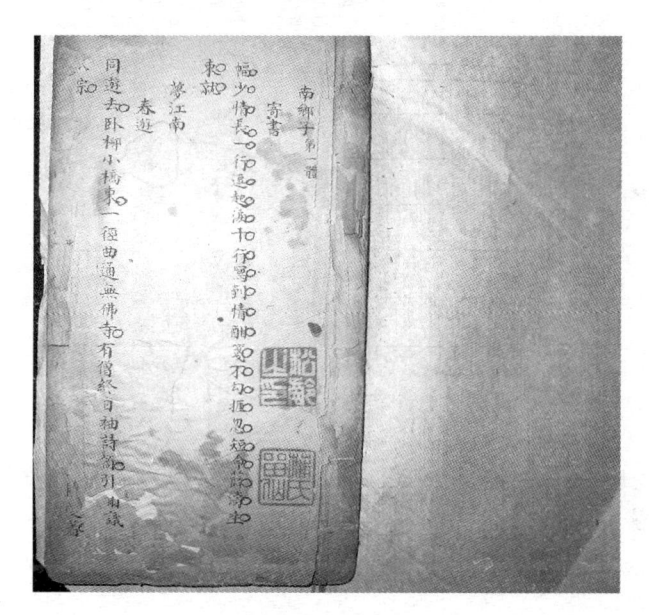

手抄本笠翁词首页

我把手抄本笠翁词上这两枚钤印照片发给蒲松龄研究专家马瑞芳教授看，她 2017 年 5 月 27 日给我的电子信中说："印章与现存的两枚很像，是否当初刻的初稿？蒋维崧老师在就好啦！《聊斋志异》手稿也有非蒲松龄亲笔，未及比对。"已知蒲松龄印章，据我的了解，有蒲松龄七十四岁时请人作的画像上钤印六枚②，有"文化大革命"

---

① 《李渔全集》第二卷，浙江古籍出版社，1991，第 374～505 页为《耐歌词》，编者选了多种版本进行汇校，做了很好的工作；但个别地方也有疏漏，如第 401 页《春光好》之三"寄语满城箫管"的"箫"，《李渔全集》本误为"萧"，第 414 页《杏园芳·春色》题下作者自注应为："以下和方邵村侍御春词二十首"，《李渔全集》本误为"十二阕"，等等。

② 此画像悬挂于蒲松龄故居的聊斋正房，据蒲松龄后人蒲伟业破译，画像上的六枚印章分别是"绿屏斋"（阳刻，印面为长方形）、"卧云"（阴刻，印面为长方形）、"奉天"（阴刻，方形）、"启闵"（八棱章，趋于阴刻）、"蒲氏松龄"（圆形，阳刻）与"柳泉小景"（方形，阳刻）。

蒲松龄钤印

期间从蒲松龄坟中挖出来、现存淄川蒲松龄博物馆的四枚[①]；画像上的六枚钤印中之"蒲氏松龄"和"柳泉小景"与坟中出土的四枚实物印章中之"蒲氏松龄"和"柳泉小景"，十分相像，但又不完全相同。据蒲松龄十三代孙蒲伟业考索：二者"貌似形离"。主要差异有："蒲氏松龄"章中草字头局部顶天，钤印中全部顶天；"氏"（篆体字）字底部不同；"松"（繁体字）字下部"口"字不同；"龄"（繁体字）字中"令"字不同。"柳泉小景"中有柳树等三处不同。也许原本它们就不是同一印章。

马瑞芳教授说手抄本上的钤印"与现存的两枚很像"，即与现存所知蒲松龄数枚中的两枚很像，或是初刻稿。研究者称，蒲松龄印章的篆刻，有的是同窗好友李希梅刻赠，有的是自己所刻，有的是两人合作而为，其篆刻年代始于青年时代。这么长时间篆刻印章，肯定有

[①] 蒲松龄墓中四枚印章是"松龄留仙"（正方形，阳文篆书）、"留仙"（正方形，阳文篆书）、"蒲氏松龄"（圆形，阳文篆书）、"柳泉小景"（正方形，阳刻柳树、小桥、人物，图寓柳泉）。

不少作品，蒲伟业搜集到了蒲松龄生前的20枚钤印，这些流传下来我们看到的印章，不过是其中少数而已。经过比对，我认为手抄本上的钤印，不在已知那数枚印章之内。然而，即使手抄本笠翁词上的钤印不像通常大家看到的印章，也并不能断定说不是蒲松龄的印章。第一，如马瑞芳教授所说，这两枚"是否当初刻的初稿"？第二，虽然已知蒲松龄印章有画像上钤印六枚和坟中出土四枚，但并不能说蒲松龄一定没有此外别的印章（蒲伟业不是搜集到了蒲松龄生前的20枚钤印吗？），也许手抄本上的两枚就是新发现的蒲松龄名章。倘如是，那么，除了画像上钤印六枚与坟中挖出的四枚之外，又增加了两枚印章，那就扩大了我们的认知范围，并且为蒲松龄研究增添了新资料。

这个手抄本，字体工整，每首词都用墨笔句读圈点，清晰好读。我将它与《耐歌词》对照，并研读多时，初步做出如下判断。

第一，因为笠翁词手抄本乃蒲家祖传之物，上面印有蒲松龄的两方图章，所以它真实可信。从两方钤印看，此抄本应该是蒲松龄在世时手藏笠翁词集；从字迹看，虽有可能是蒲松龄手笔——《耐歌词》于康熙十七年（1678）印行时，蒲松龄不到四十岁，如果手抄本是蒲松龄亲为，也许那时的笔迹与康熙五十二年（1713）他晚年（七十四岁）为画像题跋时的笔迹有所不同；但手抄本也有可能并非蒲松龄亲笔，而是请人代为抄写（据马瑞芳教授说，《聊斋志异》的部分手稿"也有非蒲松龄亲笔"），然后由蒲松龄盖章保存。这需有关专家进一步研究鉴定。无论如何，仅从手抄本上郑重钤印、精心收藏而言，说明蒲松龄十分喜爱笠翁词。

第二，该抄本依据的应该是康熙翼圣堂印行的《耐歌词》。虽然手抄者按自己的爱好对《耐歌词》有所选择——不是从《耐歌词》的首篇《小令·花非花》开始，而是从《南乡子·寄书》开始；而后面各调，也有所舍弃，《耐歌词》共368首，手抄本不足300首。但是经过对照，抄本与《耐歌词》原刻本顺序完全一致，所抄写的作品，其字句与《耐歌词》几无差错。抄本略去了绝大部分眉批，但也保留了个别眉批，其中就有《浪淘沙》词的余霁岩和冯青士眉批，而这两则眉批为《一家言初集》本所无，只《耐歌词》所有。于此证明，抄本依据的肯定是康熙十七年（1678）翼圣堂《耐歌词》刻印本，或是之后的翻刻本。

第三，手抄者精心阅读体味，作了句读和圈点，而且我发现至少在四个地方作了夹批，鉴赏力颇高。我认为这些夹批有可能是出自蒲松龄手笔，也有可能不是蒲松龄亲笔而是抄写者所为（因为手抄本的字迹毕竟与蒲松龄七十四岁在画像上亲笔题跋的字迹有差别，需要有关专家进一步考证鉴定），但不管怎样，它们都是蒲松龄那个时候的文人所新加的批语，而《耐歌词》原刻本诸多眉批或夹批中并无这些，因此亦很可贵。现在我将这些夹批补充进《耐歌词》中。这是它们三百多年来首次问世。

兹把手抄本中有关夹批的图片复制如下：

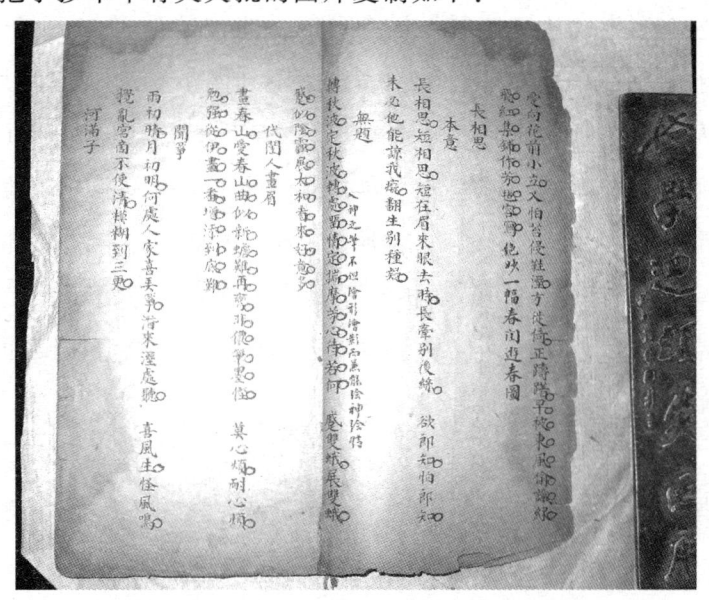

手抄本笠翁词《长相思·无题》的夹批："入神之笔，不但绘形绘影，而兼能绘神绘情。"

李渔《耐歌词》

手抄本笠翁词《感旧四时词忆乔姬在日》（之三）的夹批："有此妙姬，令人那得不感，令人那得不忆。"

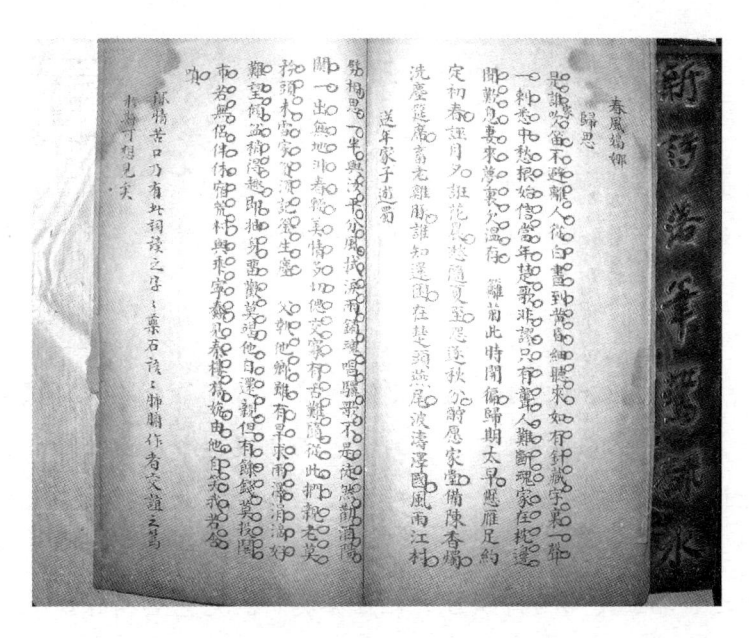

手抄本笠翁词《送年家子游蜀》夹批："深情苦口乃有此词，读之字字药石语语肺腑，作者交谊之笃，于斯可想见矣。"

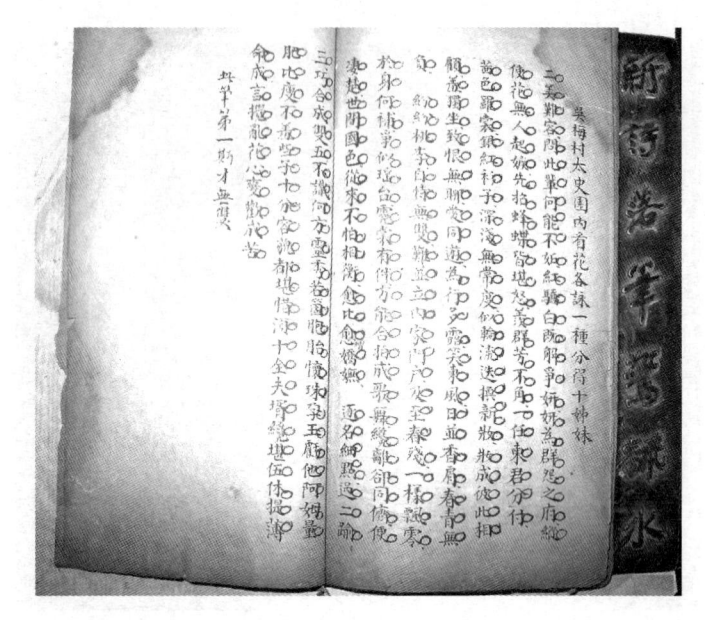

手抄本笠翁词《莺啼序》夹批:"此笔第一,斯才无双。"

二

下面谈我对《耐歌词》的阅读。

先来说说李渔为《耐歌词》写的《自序》。请看《自序》开头这一段:

> 三十年以前,读书力学之士,皆殚心制举业,作诗赋古文词者,每州郡不过一二家,多则数人而止矣;余尽埋头八股,为干禄计。是当日之世界,帖括时文之世界也。此后则诗教大行,家诵三唐,人工四始,凡士有不能诗者,辄为通才所鄙。是帖括时文之世界,变而为诗赋古文之世界矣。然究竟登高作赋者少,即按谱填词者亦未数见,大率皆诗人耳。乃今十年以来,因诗人太繁,不觉其贵,好胜之家,又不重诗而重诗之余矣。一唱百和,

未几成风。无论一切诗人皆变词客,即闺人稚子、估客村农,凡能读数卷书、识里巷歌谣之体者,尽解作长短句。更有不识词为何物,信口成腔,若牛背儿童之笛,乃自词家听之,尽为格调所有,岂非文字中一咄咄事哉?人谓诗变为词,愈趋愈下,反以春花秋蟹为喻,无乃失其伦乎?予曰不然,此古学将兴之兆也。曷言之?词必假道于诗,作诗不填词者有之,未有词不先诗者也。是诗之一道,不求盛而自盛者矣。且焉知十年以后之词人,不更多于十年以前之诗人乎?往事可观,必有以少为贵者矣。四声八韵,视为已陈之刍狗,必不专尚;所未专尚者,惟古文词一道耳,何虑汉之班、马,唐之韩、柳,宋之欧、苏,不复见于来日乎?予故曰古学将兴之兆也。①

这段话的重要价值,在于它留下了一段关于明末清初词学的宝贵史料,至少是李渔笔下的他眼中的简要"当代词史",应引起文学史家尤其是词学史家关注。

此序写于康熙十七年(1678)。李渔在这段话中谈到文坛变化的三个时间段,可以见出,所谓词"复兴于清",究竟是怎样起始的。

第一段是"帖括时文"仍然盛行的时代。那是顺治五年(1648)以前,再往前推即明朝晚期以至中期、早期。因为李渔所谓"三十年以前",是从康熙十七年往前推的,即大约是顺治五年以前。就是说,通常人们说"词复兴于清",而直至顺治五年,词尚未"复兴"。那之前,按李渔的说法,是"殚心制举业"的时代,是"为干禄计"而"埋头八股"的时代;"作诗赋古文词者"寥寥无几。总之,"当日之世界,帖括时文之世界也"。

第二段是从"帖括时文"转向"诗赋古文"的时代。时间大约

---

① 《李渔全集》第二卷,浙江古籍出版社,1991,第377页。

是从顺治五年（1648）至康熙七年（1668）的二十来年。那时，按李渔的说法是"诗教大行"的时代，由"帖括时文之世界，变而为诗赋古文之世界"。然而，此时词仍然没有复兴，"按谱填词者亦未数见，大率皆诗人"，作诗者多，填词者少。

  第三段是康熙七年（1668）之后，词真正开始复兴。按李渔的说法，即"乃今十年以来，因诗人太繁，不觉其贵，好胜之家，又不重诗而重诗之余矣。一唱百和，未几成风。无论一切诗人皆变词客，即闺人稚子、估客村农，凡能读数卷书、识里巷歌谣之体者，尽解作长短句"[①]。李渔在《窥词管见》第五则中所列举的十二位"眼前词客"（都是与他有所交往甚至过从甚密者）——董文友、王西樵、王阮亭、曹顾庵、丁药园、尤悔庵、吴薗次、何醒斋、毛稚黄、陈其年、宋荔裳、彭羡门等，均活跃在这段时间。其中董文友即董以宁（文友其字也，号宛斋），在康熙初与邹祗谟齐名，是清初的重要词人，与邹祗谟、陈玉璂、龚百药并称"毗陵四子"，精通音律，尤工填词，善极物态，著有《蓉渡词》，李渔向其组稿，《四六初征》曾收其文；王阮亭即王士禛，为清初文坛领袖，与其兄王西樵，均善词，王阮亭有词集《衍波词》，王西樵有《炊闻词》，二人皆与李渔有信札交往，或诗词赠答，王阮亭在扬州任推官时，康熙二年癸卯（1663）八月二十八日是其三十岁生日，李渔曾作《天仙子·寿王阮亭使君（广陵节推）》为其祝寿，而王西樵则曾为李渔《资治新书》初集作序；曹顾庵即曹尔堪，填词名家，与山东曹贞吉齐名，世称"南北两曹"，著有词集《南溪词》《秋水轩词》等，为李渔诗词作评；丁药园即丁澎，清初著名回族词人，与同乡吴百朋、陆圻、柴绍炳、陈廷会、孙

[①] 见《耐歌词·自序》《李渔全集》第二卷，浙江古籍出版社，1991，第377页。与《耐歌词》差不多在同一时段的《名词选胜》，李渔序中也说"十年以来，名稿山积，缮本川流"，并且说"自有词之体制以来，未有胜于今日者"，语气与《耐歌词·自序》完全一样（该序见《李渔全集》第一卷，浙江古籍出版社，1991，第34~35页）。

治、沈谦、毛先舒、虞黄吴、张纲孙合称为"西岸十子""西泠十子",诗词俱佳,有《扶荔词》,与李渔相识三十余年,曾为李渔诗集作序,为诗词作评;尤悔庵即尤侗(字展成,一字同人,早年自号三中子,又号悔庵),亦是填词行家,著有《百末词》六卷(自称是"《花间》《草堂》之末"),与李渔交往甚多,是李渔作品评家之一;吴薗次即吴绮,以词名世,小令多描写风月艳情,笔调秀媚,长调意境和格调较高,有《林蕙堂集》《艺香词》等,为李渔词作评;何醒斋即何采,工词、善书,有《南涧词选》(存词493首),为《耐歌词》作评;毛稚黄即毛先舒,"西泠十子"之一,又与毛奇龄、毛际可齐名,时人称"浙中三毛,文中三豪",善词,有《鸳情集填词》,李渔好友,可谓交往终生;陈其年即陈维崧,更是填词大家,是清初最早的阳羡词派的领袖,才气纵横,善长调、小令,填词达1629首之多,用过的词调有460种,词风直追苏辛,豪放、雄浑、苍凉,有《湖海楼诗文词全集》54卷,其中词占30卷,曾为李渔词作评;宋荔裳即宋琬,诗词俱佳,有《安雅堂全集》20卷,其中包括《二乡亭词》,与李渔有诗书赠答,为李渔诗文作评;彭羡门即彭孙遹,其词亦常被人称道,著有《延露词》《金粟词话》等,也是李渔词评家。

其实,清初还有一些著名词家,特别是纳兰性德(1655—1685),字容若,乃清初三大家之一,史称抒情圣手,二十四岁编成《侧帽集》和《饮水词》——那时李渔已垂垂暮年,隐居杭州层园,很可能没有读到容若词作。还要特别提及的是浙西词派诸人,如朱彝尊、李良年、李符、沈皞日、沈岸登、龚翔麟等;比他们更早的是曹溶。康熙十一年(1672),朱彝尊与陈维崧的词合刻成《朱陈村词》,《清史·文苑传》称其"流传至禁中,蒙赐问,人以为荣"。康熙十八年(1679),钱塘龚翔麟将朱彝尊的《江湖载酒集》、李良年的《秋锦山房词》、李符的《耒边词》、沈皞日的《柘石精舍词》、沈岸登的

《黑蝶斋词》、龚翔麟《红藕庄词》合刻于金陵，名《浙西六家词》，陈维崧为之作序。此外属于陈维崧阳羡词派的还有任绳隗、徐喈凤、万树、蒋景祁等。不知何故，李渔虽然与浙西派先驱曹溶有所交往，而且曹溶还为李渔《临江仙·闺愁》作评，但李渔却始终没有提及在当时已经颇有名气（在后来的整个清代也非常有影响）的朱彝尊和其他浙西词派诸人。如果说浙西词派代表作《浙西六家词》编成时已是康熙十八年（1679），李渔进入垂暮之时，可能没有引起注意；而朱彝尊与陈维崧的词合刻成《朱陈村词》，时在康熙十一年（1672），且"流传至禁中，蒙赐问，人以为荣"，李渔不可能不知道，为何只说到陈维崧而不提朱彝尊呢？其中缘故，未便臆测，待专家进一步考索。

此外，晚清词论家张德瀛《词征》卷六也谈到"清初三变"，虽是事后考察而不像李渔那样亲身感受来得更踏实，但仍然可以参照："……本朝词亦有三变，国初朱、陈角立，有曹实庵、成容若、顾梁汾、梁棠村、李秋锦诸人以羽翼之，尽袪有明积弊，此一变也。樊榭崛起，约情敛体，世称大宗，此二变也。茗柯开山采铜，创常州一派，又得恽子居、李申耆诸人以衍其绪，此三变也。"①

三

这篇自序的最后，李渔不无幽默地引述了苏东坡与郭祥正"七分读、三分诗"的故事以自嘲《耐歌词》。

郭祥正（1035—1113），北宋诗人，字功父（一作功甫），诗风奔放，酷似李白，为世人称道。据说有一次功父路过杭州，把自己的

---

① 唐圭璋：《词话丛编》第五册，中华书局，1986，第4184页。

诗送给苏东坡。未及东坡看诗，功父自己先扬扬得意地吟咏起来。吟毕，问东坡："这些诗能评几分？"东坡曰："十分。"功父大喜，又问何以能得十分？东坡笑答："你所吟诗，七分来自读，三分来自诗，故曰'十分'。"据说这个故事载于苏东坡撰文而由后来明代王世贞编次的《调谑编》（有明刻本）中；苏东坡所谓"七分读、三分诗"的故事在宋代周密的《齐东野语》中也有记载。

李渔说："予谓是书（指《耐歌词》）无他能事，惟一长可取，因填词一道，童而习之，不求悦目，止期便口，以'耐歌'二字目之可乎？所耐惟歌，余皆不耐可知矣。"虽然李渔此处乃笑谈，但也道出了他的词作的一个重要特点——"便口"，即耐歌、耐读，朗朗上口。这与李渔作为著名传奇作家有关，传奇是要唱出来的，他深谙音律，不但深谙传奇（当时主要以昆腔演唱）唱腔的音律，而且深谙填词的平仄韵律，撰写过《笠翁词韵》一书，因此，他的词当然便于诵读、便于演唱——这包括两个方面，一是便于诵读，即平仄韵律中规中矩，诵读起来顺口，且琅琅有金玉之声；一是便于演唱，犹如现代的流行歌词，配上曲子即可畅行城乡，绝不会"拗折天下人嗓子"。李渔的词，在语言上，大半如是。

当然，仔细阅读《耐歌词》，你会觉得李渔的词绝非他所自谦的"所耐惟歌，余皆不耐可知矣"；而是除了外在形式上的"便口"、耐歌、耐读，从内容上或者从内在意蕴上说，更是有着别人不可及之处。总的说，李渔的许多词，无论从内容上还是从形式上来说，都应该是清初词中之精品，他应该属于张德瀛《词征》中所谓清初词坛上"尽祛有明积弊"从而促成"一变"的词人之一——他的大部分词，明朗晓畅，清新自然，向晚明许多词作的纤弱萎靡的词风发起有力冲击。

而且，李渔是清初文坛上的大家，是一个成熟的有"自己标识"的作家，读者从《耐歌词》会看到，其中大都打着"李渔"的标签，具有"李渔"式的鲜明特色和独特风格。

四

　　《耐歌词》的第一个显著特色是平民化、生活化、口语化——或可简言之，粗略地归结为通俗化。这是李渔的鲜明主张："诗词未论美恶，先要使人可解。白香山一言，破尽千古词人魔障——爨妪尚使能解，况稍稍知书识字者乎？"如果从某种角度说自唐宋到明清存在一些相互对照、差别显著的词风，如"豪放"与"婉约"，"雅"与"俗"，等等；那么，单就"雅"与"俗"两种词风而言，李渔突出的是一个"俗"字，这与宋代周美成（邦彦）、姜白石（夔）诸人"清丽精雅"之词风，吴文英（梦窗）琢字炼文、大量用典、不惜陷入"掉书袋"以成深文雅致之词风，宋末张炎（玉田）大力倡导"雅正"之词风，以及清初朱彝尊等标榜"家白石而户玉田"的所谓"春容大雅"之词风，形成鲜明对照——粗略说，他们共同追求的是一个"雅"字（虽然"雅"中又有差别），而他们共同排异的是一个"俗"字。①

　　李渔的词，大都写的是人们生活中的寻常事，说的是寻常百姓的话。由此，他的词也大量运用口语，平易亲切，自然流畅，绝不忸怩作态，亦绝不装腔作势，如同与邻居寻常说话，家长里短，轻松自如。胡适在五四时期出于提倡白话文的目的，说宋人所写的一些词是

---

① 我在写成此文之后，送给一些朋友指正。有位好心的年轻学者阅后提醒我，近些年已有不少评论李渔词作的文章，阐述过笠翁词的风格特点。我赶紧找来几篇拜读，深受启发，受益匪浅，恨以往学问做得粗疏，竟如此孤陋寡闻。读后所欣慰者：我虽与诸多研究者从未谋面，也未交流，但对李渔词的特色所见大体一致，表明我这个李渔词的业余研究者并未走偏。但有位研究者认为李渔词的主要特点之一是"雅俗相和"，我倒有点儿不同看法：虽然李渔自己说"词之腔调则在雅俗相和之间"，但就主导方面看，李渔词突出的是一个"俗"字，而"雅"者较少。"雅俗相和"的词在李渔那里是有的，但并非主导，因而也可以说不是李渔词主要和突出的特点。

所谓"白话词",他在《南宋的白话词》一文中曾写道:"词的进化到了北宋欧阳修、柳永、秦观、黄庭坚的'俚语词',差不多可说是纯粹的白话韵文了。"① 这话当然不足为训,不能依此定北宋词是所谓"白话韵文",但是李渔的许多词确有"白话词"的味道,如《三字令·闺人送别》:"临别话,怕愁伊,不多提。提一句,泪千垂。望君心,如妾愿,早些归。 归得早,你便宜,免重妻。生儿女,早和迟。没多言,三字令,与君知。"再如,《迎春乐·望春不至》:"春风不见侬家面,闻去岁,将他怨。有情也学无情汉,些个事,将人叛。 空闲着、秋千侣伴,空冷却、有花庭院。须约人心同转,倚着门儿盼。"还有,《阳台梦·护花》中这两句:"惜花非是将花惜,做些样子教人识",等等,这些词句,没有读过书的老太太也会听得懂且易被打动。读李渔词,令人想起敦煌曲子词的平民和口语风味儿,如写孟姜女哭长城九首《捣练子》联章词"孟姜女,杞梁妻,一去燕山更不归。造得寒衣无人送,不免自家送征衣"(其一)。词产生的初期,一些文人也填词,如中唐的白居易《忆江南》"江南好,风景旧曾谙。日出江花红胜火,春来江水绿如蓝,能不忆江南"、刘禹锡《潇湘神》"湘水流,湘水流,九疑云物至今愁。若问二妃何处所?零陵香草露中秋",似乎沾染了民间词的神气,流丽而通俗,读之,气息和畅,如沐春风。有些宋词,也是非常口语化的,如曹组《相思会》:"人无百年人,刚作千年调。待把门关铁铸,鬼见失笑。多愁早老。惹尽闲烦恼。 我醒也,枉劳心,漫计较。粗衣淡饭,赢取暖和饱。住个宅儿,只要不大不小。常教洁净,不种闲花草。据见定、乐平生,便是神仙了。"再如,向滈的两首《如梦令》之一:"谁伴明窗独坐,和我影儿两个。灯烬欲眠时,影也把人抛躲。无那,无那,好个恓惶的我。"有的,即使不是全词,个别句子也十分口语

---

① 胡适《南宋的白话词》发表在 1922 年 12 月 1 日《晨报副刊》。

化，如女词人魏夫人（名玩，字玉汝）《系裙腰》的最后三句"我恨你，我忆你，你争知"。

李渔填词也像他作诗为文一样，总是善于从寻常生活之中，从平易事物之中，找趣，找美。别人觉得稀松平常、毫无诗味、正眼不屑于一看的事，他却发现了趣、发现了美，获得了艺术灵感。他甚至能把别人弃之如敝屣的东西，魔术般变成艺术品，化腐朽为神奇。在他笔下，处处都有意趣，处处皆是美。

而且，在李渔那里，日常生活中的一切，皆可入词。

例如，遇到霜雾连朝的天气，菊残蟹毙，这时惜花嗜蟹的李渔不胜怅惘，遂顺手填词，以之解嘲："嗜蟹因仇雾，怜花复怒霜。无穷好事为天荒，一度掷秋光。　造物将侬负，还令造物偿。急开梅蕊续秋芳，不许蟹无肠。"（《巫山一段云·霜雾连朝，菊残蟹毙，不胜怅惘，赋此解嘲》）

月光之下闻箫声，逗起情思，他便赋《菩萨蛮·月下闻箫》词一首："中庭露下凉飕彻，湘帘虽挂浑如揭。非近亦非遥，谁家吹洞箫？竹音娇似肉，想见唇如玉。何处借人教？多应念四桥。"

偶过狎鸥亭，见花竹扶疏，入座良久，不知主人为谁。戏题斋壁而去："看竹何须问主，狎鸥妙在忘机，唤侬入户是黄鹂。为怜庭卉寂，拉取路人陪。　半向流连已足，去防谢客人归，问谁疥壁几时挥？季春初二日，湖上笠翁题。"（《临江仙·第三体》）

旅行中，旅邸闻邻家夫至，也写出一首非常有趣的词："怪邻家，远人初到，笑声乍起如哭。下机只问郎饥饱，不管封侯迟速。催人浴，忒觉得，远归似娶郎芬馥。旅怀忌触。奈此等声音，实难卧听，忙起觅残烛。　烧来读，又被惊风寒竹，如雷震响空谷。离人何罪今如此，合受天人涂毒。呼睡仆，凭仗汝、梦中先把归装束。邯郸漏促。任釜内黄粱，自翻斤斗，莫问几时熟。"（《摸鱼儿·旅邸闻邻家夫至》）

别人向他借钱，也可入词。《归朝欢·友人子向予贷钱兼索诗，口占以答》："且酹一尊花下酒，莫启一声杯外口。最愁听处是无钱，若还我有君先有。君呼侬作叟，自云二十才余九。过来人，不堪回首，曾识章台柳。　纵有诗篇入君手，也代娼家封酱瓿。不如两命总相方，或能安分将贫守。莫言君妇丑，问高邻，尽称佳偶。君自轻箕帚。"

生病也能成为词料，《昭君怨·病后作》曰："知为吟诗生疢，三日不吟加瘦。诗病仗诗医。代参蓍。　诗与病成知己，引入膏肓不死。越瘦越精神，类松筠。"

借用刘熙载《艺概》中评苏轼词的话，李渔词亦是"无意不可入，无事不可言"。许多论家都指出：词在苏轼手里，以诗为词，大大扩展了词的题材；至辛弃疾，以文为词，词的题材得到彻底解放，所有束缚扫除殆尽。我看，在李渔那里，他的生活有多宽广，词的题材即有多宽广——只是，他是个"卖赋糊口"的文人，他的词，题材虽说很广，但也是在他"卖赋糊口"的生活范围之内。经国大事、战场厮杀等，非他生活所及，他的词也达不到。我们不能对李渔（或对任何其他作家）作不切实际的苛求。

五

《耐歌词》的第二个显著特色是，不但总是善于从寻常生活之中，从平易事物之中，找趣，找美，而且善于从寻常生活之中，从平易事物之中，出新，出奇。他的填词主张即是如此。前面我曾引述过他《窥词管见》第五则中的一大段文字："文字莫不贵新，而词为尤甚。不新可以不作，意新为上，语新次之，字句之新又次之。所谓意新者，非于寻常闻见之外，别有所闻所见而后谓之新也。即在饮食居处之内，布帛菽粟之间，尽有事之极奇，情之极艳，询诸耳目，则为习见习闻；考诸诗词，实为罕听罕睹；以此为新，方是词内之新……"又："唐宋及明初诸贤，既是前人，吾不复道；只据眼前词客论之，如董文友、王西樵、王阮亭、曹顾庵、丁药园、尤悔庵、吴薗次、何醒斋、毛稚黄、陈其年、宋荔裳、彭羡门诸君集中，言人所未言，而又不出寻常见闻之外者，不知凡几！由斯以谭，则前人常漏吞舟，造物尽留余地，奈何泥于前人说尽四字，自设藩篱，而委道旁金玉于路人哉！词语字句之新，亦复如是，同是一语，人人如此说，我之说法独异；或人正我反，人直我曲；或隐跃其词以出之，或颠倒字句而出之，为法不一。昔人点铁成金之说，我能悟之，不必铁果成金，但有惟铁是用之时，人以金试而不效，我投以铁，铁即金矣。彼持不龟手之药而往觅封侯者，岂非神于点铁者哉？所最忌者，不能于浅近处求新，而于一切古冢秘笈之中搜其隐事僻句，及人所不经见之冷字，入于词中，以示新艳，高则高，贵则贵矣，其如人之不欲见何！"[①] 李渔追求的就是于"寻常生活"之中发现美，所谓"点铁成金"也。他的朋友方绍村评曰："细玩稼轩'要愁那得工夫'及'十字上加一撇'诸调，即会笠翁此首矣。……笠翁著述等身，无一不是点铁，此现身说法语也。钟离以指授人，人苦不能受耳。"

李渔确是"点铁成金"的能手。譬如《减字木兰花·田家乐四首》，李渔能从农家的日常生活获得艺术灵感，找到出新、出奇之点，如他的友人何醒斋所说"笠翁一生歌舞场中，能现老农身说法"："父耕子读，一岁秋成诸事足。风雨关门，除却看花不出村"；"鸡豚自养，酒出田间鱼在港。客至陶然，款待何尝费一钱"；"黄牛不畜，畜来又早生黄犊。才可儿骑，力逐风生又负犁"；特别有意思的是，李渔把农家的茅草房也写得如此有味道："黄茅盖屋，每到秋来增几束。增过三年，只戴黄茅不戴天。　邻居盖瓦，三岁两遭冰雹打。争似侬家，风

[①] 《李渔全集》第二卷，浙江古籍出版社，1991，第509页。

雨酣眠夜不哗。"[1] 陆丽京眉批:"茅屋之胜瓦,全在风雨无声,阴晴一致。此语未经人道,又被笠翁拈出。"王安节眉批:"直到极处。"

请看:这不是从平易之中出新出奇的例证吗?李渔词中还有很多这样的例子。

六

《耐歌词》的第三个显著特色,是词中充满了"谐趣",即李渔词所写的情趣和意趣之中浸透了诙谐幽默,什么都可以拿来开玩笑,包括佛祖如来。如《秋夜雨·友人性酷嗜饮,每逢岁首,礼僧伽一月,因断荤酒,代作此词解嘲》:

问予岁饮几何日。一年三百三十。因何无足数,为断酒、除荤期月。　　如来算帐宜清楚,寿百年、应该加一。只吃自己食,并未扰、阿弥陀佛。

在这里,佛祖成了笑料。

李渔的词,处处"谐趣盎然"。为什么我要在这里突出一个"谐"字?因为李渔的许多词表现出来的不是一般作家和诗人的所谓"情趣"或"意趣",而是别有风味——许多作家的优秀作品也都会有"情趣"有"意趣",而李渔不同,他的许多词,抒情、写意总是以诙谐幽默出之,"情""意"中充满着或轻松或辛辣的喜剧色彩。这种充满诙谐幽默的"情趣""意趣",乃是李渔词的独有色彩,是

---

[1] 人们称赞苏轼《浣溪沙》"麻叶层层苘叶光,谁家煮茧一村香。隔篱娇语络丝娘。　垂白杖藜抬醉眼,捋青捣䴬软饥肠。问言豆叶几时黄"开拓农村题材,是一幅农村风景画,充满生活气息和泥土芬芳,的确如此;现在再来看看李渔的《农家乐四首》,并不逊色,它不但尖新可爱,谐趣盎然,而且更为平民化,泥土味十足。

他作为喜剧大师带给《耐歌词》的一大特质,这种特质同他的传奇和小说中一以贯之的喜剧特色相近。

如《月照梨花·忆梦》:"春睡愁晓,偏闻啼鸟。梦极分明,被他颠倒。性急再拥寒衾,杳难寻。　朦胧犹记仙人道,授伊秘稿,是必藏好。早知未别梦先阑,趁在邯郸,折来看。"把一个人好梦被啼鸟打断时的心态,写得如此诙谐有趣,特别是"朦胧犹记仙人道,授伊秘稿,是必藏好。早知未别梦先阑,趁在邯郸,折来看",真乃神来之笔。

又如《虞美人·问情》:"不知情是何人造,沁骨弥心窍。当年作俑岂无人,好倩阎罗天子代勾魂。　问他人各分男妇,何用心相顾?些儿孽障古传今,那得绣针十斛刺他心!"谁人无"情"?正如李渔的朋友冯青士评论此词时所说:"天下人多事,固为多情,然无情不成世界。"然而,李渔写"情",多在诙谐幽默之中出之,常常富有嬉笑色彩,这与别的作家不大一样。如汤显祖《牡丹亭》,全由一个"情"字而起、而终,感人肺腑,催人泪下;但那是从正面抒情,你可以为此感动得涕泪俱流,但是并未感觉诙谐或幽默。曹雪芹《红楼梦》写贾宝玉与林黛玉之爱亦如是,女孩子痴迷于《红楼梦》而得病,当父母烧书时,她会要死要活地喊:"奈何烧杀我宝玉?"①这里面没有诙谐和幽默,只有实实在在的情之苦。李渔《问情》词不一样,他作为喜剧大师,则用戏谑之口吻写"情",他要追讨情之作俑者,"好倩阎罗天子代勾魂",且欲以"绣针十斛"刺作俑者之心,让人在啼笑中体味"情"之"沁骨弥心窍"的魅力和"罪孽"。

李渔非常善于描绘心理,绘声绘色,但是他在词中涂上一层喜剧色彩。如《生查子·春游书所见》写一个青年女子春游时的隐秘心态:"谁家窈窕儿,面色芙蓉腻。游伴偶相同,越显眉峰翠。　忽

---

① 陈其元《庸闲斋笔记》记载:杭州某商人女,酷嗜《红楼梦》致成瘵疾。父母以是书遗祸,取投于火。女在床乃大哭曰:"奈何烧杀我宝玉?"遂死。

地遇鸳鸯，羞怯思回避。无数好儿郎，妒杀他家婿。"他的好友杜于皇批曰："惯能写人心曲。"然而我们应该体味到：这"心曲"中，是带些酸味儿的。

《生查子·闺人送别》写为情郎送别时的微妙心理："郎去莫回头，妾亦将身背。一顾一心酸，要顾须回辔。　　回辔不长留，越使肝肠碎。早授别离方，睁眼何如闭。"李渔的晚辈朋友王安节评此词曰："无限苦情，数笔勾出。"其实，李渔的特别之处不在于写出了目送情郎时的"无限苦情"，而在于写如何想法解除这目送时的"无限苦情"，即最后两句"早授别离方，睁眼何如闭"：送别时，你何不闭上眼，不去看他啊！读之，不免令人发笑。李渔跟这位痴心女子开了个玩笑。

李渔常常以玩笑之笔墨写人的微妙心曲。如《钗头凤·初见》，这样写青年人相亲："郎心幻，风流惯，初来未许将人看。屏风塞，纱窗隔，中庭端坐，茶汤羞吃。客、客、客。　　才窥见，神情变，眼光直射如飞电。明相揖，私相识，窥人不见，赞声难得。贼、贼、贼。"李渔友人胡彦远评曰："此必作者少年场实事，非贼口亲招，不能尽此狡狯。"又如《唐多令·蛩》，写秋虫以自己的叫声引起"离人"的愁绪和思乡之情，而且它如此调皮，死缠着"离人"不放："明识离人听不得，偏侧近，独眠床"；当离人"趋避入回廊"时，它"随人脚又长。月明中，倍觉凄凉。怎得梦魂离却汝，声断处，即家乡"。李渔一生，半在旅途之中，想必此词是他的亲身体验，但是应该看到：他体味出来的是喜剧味道的离人之苦。

李渔是儿女场上老手，对女儿们的心态，把握得极为细腻生动，独特之处在于充满诙谐幽默。如《减字木兰花·闺情》："人言我瘦，对镜庞儿还似旧。不信离他，便使容颜渐渐差。　　裙拖八幅，着来果掩湘纹縠。天意怜侬，但瘦腰肢不瘦容。"余怀（澹心）评曰："宁叫身敝，不愿色衰。情至语，谁人解道？"

总之，在这类词中，李渔是给它们加上些喜剧的酸味儿的。

李渔的词，常常是诙谐幽默而使得词的味道更加醇厚；《耐歌词》不仅耐歌、耐读，而且让你在笑之中长久琢磨、体味。其《忆秦娥·立春次日闻莺》词曰："春来了，枝头寂地闻啼鸟。闻啼鸟，多时不见，半声亦好。　黄鹂声最消烦恼，杜鹃声易催人老。催人老，由他自唤，只推不晓。"最后几句"杜鹃声易催人老。催人老，由他自唤，只推不晓"，你读后，能不会心一笑吗？

他的许多词，读了，不但会心一笑，而且如饮绍兴老酒，觉得后劲儿十足。正如吴梅村评他的那首《竹枝·春游竹枝词》（新裁罗縠试春三）时所说："'淡人浓不得'，读之三日口香。"①

七

李渔是一位语言大师。普通人看来平平常常的语言，在他笔下不知怎的就会变得如此有魅力，像磁石般吸住你眼睛不放。很少有人像他那样纯熟地运用语言，随意而为。在他手里，语言就如孩子们玩儿的橡皮泥，想捏一只小狗就是一只小狗，想捏一只小猫就是一只小猫，无不心想事成，而且栩栩如生，惟妙惟肖。如那首《行香子·汪然明封翁索题王修微遗照》："这种芳姿，不像花枝，像瑶台一朵红芝。娇无淫态，艳有藏时。带二分锦，三分画，七分诗。沈郎病死，卫郎看杀，问人间谁可相思？吟腮自托，欲捻无髭。有七分愁，三分病，二分痴。"正如李渔的朋友何醒斋眉批中所说："前后十二分，谁人能道？"汪然明乃江南名士，明末即誉满江湖，李渔寓杭州时，是他"不系舟"的座上客，两人成忘年交；王修微是江南才女，汪然明

---

① 《李渔全集》第二卷，浙江古籍出版社，1991，第386页。

的红颜知己,为李渔所熟知。王修微的早逝令人痛惜。汪老先生为王修微遗照索题,李渔饱含感情赋词一首,乐而不淫,情深而词谐。特别不可思议的是,李渔竟然在其中写出了"前后十二分":前是"带二分锦,三分画,七分诗",后是"有七分愁,三分病,二分痴",文字玩到这种程度,真乃绝妙好辞!

即使给李渔戴上重重枷锁,他也能把舞跳得美妙无比,譬如《满庭芳·十余词,吴梅村太史席上作》,词中限有十个"余"字:"酒有余香,花多余态,都因人有余情。尽欢竭量,客不剩余醒。只怪酒徒恋罚,余残滴,不使杯倾。觞政后,余波复起,刻烛待诗成。江淹才尽后,余葩落地,那有金声。笺长余尺幅,留待佳评。但羡病余残叟,不告乏,力气犹胜。若更使,从头赋起,余兴尚堪乘。"这里不仅是文字游戏,而且写出情趣。此词充分显示出李渔的文字功夫。

八

李渔具有艺术天性,艺术感觉之敏锐,天下独步。如《忆秦娥·离家第一夜》中"昨愁不夜,今愁不晓",《忆秦娥·春归二首》中"春归矣,绿归山色红归水",《减字木兰花·闻雁》中"压背霜浓飞不起"……李渔以他极强的艺术触觉,把那种非常微妙的感觉敏锐地把握住并表露于笔端。记得好像是意大利美学家克罗齐有一段话,大意是说:人人天生都是艺术家,不过有人是大艺术家,有人是小艺术家。李渔是一个天生的词人、天生的诗人、天生的艺术家;不过他不是小艺术家,也不是一般的艺术家,而是大艺术家,而且是能够化腐朽为神奇的艺术家。

李渔于词,有创作、有理论,值得称道,在当时,就有许多名家对李渔的词倍加赞赏。吴梅村除了上面说李渔词"读之三日口香"之外,又评其《捣练子·惜花》"花片片,柳丝丝。天为春工费不赀。一岁经营三日尽,直呼天作荡家儿"曰:"惜花妙语。封姨有口,何从致辨。"顾梁汾评李渔《花非花·用本题书所见》"花非花,是人血。泪中倾,恨时泄。鹧鸪声里一春寒,杜鹃枝上三更热"曰:"石破天惊,得未曾有。"陈天游评李渔《南乡子 第一体·寄书》"幅少情长,一行逗起泪千行。写到情酣笺不勾,捱咒;短命薛涛生束就"曰:"归怨薛涛,情思飘忽。"

今天的读者也一定能从李渔词中找到乐趣,获得美的享受。

九

按照传统的说法,词是"艳科"。自唐及宋以至李渔生活的清初,词的题材、路向、格调、风貌虽然几经扩展变化,而"花间"词风在词史上从来没有断过。自称"登徒子"的李渔,其部分词作的确富有"艳科"味道,描写"艳语""艳情",在他可谓得心应手。这些作品,格调不高,难称佳作。当然他的写男女之情的词并非都不可取,不能一律口诛笔伐;与当代某些写"艳情"的文学作品(有些还是得奖的优秀作品呢)相比,也许并不觉得李渔多么可厌——人性的某种常情常态而已。

另外,李渔也有部分词是在不同场合下的应酬之作,甚至是逢迎干谒之作,读之,令人觉得俗不可耐,甚至嗅到某种臭味儿,如写给康熙年间炙手可热的权臣索额图的词。这不能不说是李渔人品上的某些欠缺之处。如果拿李渔与南宋姜夔比,两人皆才华盖世,堪称艺术大家;但姜夔布衣终老、清贫一世、死无葬资,然而却从不以文字干谒权贵以乞食。当然,设身处地,也应对李渔抱以同情的理解。李渔作为一个"卖赋糊口"并且到处"打秋风"以维持生计的文人,这是他的生活处境下的无奈之举——连杜甫也不能免俗："朝扣富儿门，暮随肥马尘。残杯与冷炙，到处潜悲辛。"（《奉赠韦左丞丈二十二韵》）。而李渔的优点是能够无情披露自己这种不太高雅的内心世界，并不掩饰自己的那个"小"。就此而言，他比那些嘴上仁义道德，满肚子男盗女娼的伪君子好过不知多少倍。他在那首《多丽·过子陵钓台》中，把自己同严子陵比较了一番："过严陵，钓台咫尺难登。为舟师，计程遥发，不容先辈留行。仰高山，形容自愧；俯流水，面目堪憎。同执纶竿，共披蓑笠，君名何重我何轻？不自量，将身高比，才识敬先生。相去远，君辞厚禄，我钓虚名。　再批评，一生友道，高卑已隔千层。君全交未攀衮冕，我累友不恕簪缨。终日抽风，只愁载月，司天谁奏客为星？羡尔足加帝腹，太史受虚惊。知他日，再过此地，有目羞瞠。"读此词，反觉李渔坦率得十分可爱。正如他的女婿沈因伯在评《过子陵钓台》时所说：

　　妇翁一生，言人所不能言，言人所不敢言，当世既知之矣。至其言人所不肯言与不屑言，则尚未之知也。如"朋友虽亲终让嫡，我费杖头人亦费"，"最愁听处是无钱，若还我有君先有"等句，皆人所不肯言者。此词累累百余言，无一字不犯人所耻，人皆不屑，而我屑之，讵非诧事？然人所不肯言、不屑言者，皆其极肯为而极屑为者也。但诚于中，而必不肯形于外者何哉？欲知妇翁之为人，但观其诗文即燎然矣。[①]

读李渔词，可窥见他的真率人格。

李渔的词，在清初词坛应该有一席之地。

要想知道笠翁词的味道，还请读者诸君亲自捧读。

[①] 《李渔全集》第二卷，浙江古籍出版社，1991，第494~495页。

优秀的诗人，杰出的散文家

欧阳修《梅圣俞诗集序》云，诗"穷而后工"，"愈穷则愈工"[1]。这是说，诗人越是经受困厄艰险、心中积蓄幽愤，便越能写出好诗。李渔在战乱中生死线上的挣扎，对他个人生活而言，的确残忍，但却成就了一位杰出的诗人或优秀的诗人。

对于李渔来说，任何生活皆可入诗

根据我个人可能并不精确的统计，李渔一生创作的诗歌，我们现在所能看到的，有730多首诗，近370首词，190多幅楹联（我把楹联也看作是诗的一种形式）。李渔的确才气逼人，他能把普通人看来最平常不过的东西，日常生活中最不起眼的、看起来没有任何意义的一切，都艺术化、诗化，犹如一个神奇的魔术师，点铁成金。对于李渔来说，任何生活，皆可入诗。诸如父慈子孝、男女情爱、欢乐苦闷等各种情感，自然风光、社会人文、风花雪月等各种景象，居家起居、

---

[1] 欧阳修《梅圣俞诗集序》："盖愈穷则愈工。然则非诗之能穷人，殆穷者而后工也。"见1936年商务印书馆缩印元刻本《欧阳文忠公文集》卷四十二"序九首"之九。

外出旅游、待人接物、拜谒显贵、会见朋友等一切情事和一切活动，甚至像借书还书、客访未遇、家报平安、赐马观花、夜不成寐……总之，他的所见所闻、所触所感，都变成诗。他让没有色彩的有了色彩，没有意义的有了意义，没有滋味的有了酸甜苦辣，因此，他的诗，绝大多数都能让人读来有趣味，能够拨动人们心灵中的某根弦，让人心里发痒、发痛，让人体验到生活的况味。譬如，五律《早行》有两句是"为爱归家疾，常愁上路迟"[1]，短短十个字，把急于归家的心态刻画得惟妙惟肖。有一首《田间柳》，以柳为对象，大概是隐居时所作，写来兴味盎然："不傍先生宅，偏垂隐士坡。犁边春色好，牛背落花多。枝上常悬笠，阴中不用蓑。有时飞作雪，还似兆丰禾。"[2] 特别是"犁边春色好，牛背落花多。枝上常悬笠，阴中不用蓑"几句，读之如食橄榄，耐人体味。再看这首五绝《山中送客》："送君归人间，遄行勿回顾。少顷白云生，欲下山无路。"[3] 二十个字，把高山居住环境，风云变幻莫测，隐居者与客人的情怀，表现得淋漓尽致。还有一组五绝《我爱江村晚》，其三写山中隐居："我爱江村晚，家家酿白云。对门无所见，鸡犬自相闻。"[4] 他的朋友有一条眉批："二十字写出一幅桃源图。"我看，二十字中最妙者，莫过"家家酿白云"五字。此外，像《题云林小幅二首》："云去柴扉见，烟生屋角蒙。山人负锄出，家在有无中"，"山民自善藏，环宅皆深树。高阁无人登，白云常借住"[5]，都写得有逸气、有灵性，味道甚浓。李渔的词也别有情趣，仅举一例，《春游竹枝词》："新裁罗縠试春三，欲称蛾眉不染蓝。自是淡人浓不得，非关爱着杏黄衫。"吴梅村眉批："'淡人浓不得'，读之三日口香。"

---

[1] 《李渔全集》第二卷，浙江古籍出版社，1991，第81页。
[2] 《李渔全集》第二卷，浙江古籍出版社，1991，第102页。
[3] 《李渔全集》第二卷，浙江古籍出版社，1991，第255页。
[4] 《李渔全集》第二卷，浙江古籍出版社，1991，第263页。
[5] 《李渔全集》第二卷，浙江古籍出版社，1991，第275页。

诗（艺术）是生活的醇化，是从生活的酒曲中酿造出来的美酒。诗（艺术）是从生活这棵大树上开出的美丽花朵。艺术的最重要的价值是使人热爱生活，提高人们生活的兴味。只有热爱生活的人才能写出好诗。李渔正是一个酷爱生活、对生活充满感情的人。譬如，他嗜花如命，一般人可能认为这是怪癖，我认为这正是他热爱生活的表现。《闲情偶寄·种植部·水仙》中，李渔说："水仙一花，予之命也。予有四命，各司一时：春以水仙、兰花为命，夏以莲为命，秋以秋海棠为命，冬以蜡梅为命。无此四花，是无命也；一季缺予一花，是夺予一季之命也。水仙以秣陵为最，予之家于秣陵，非家秣陵，家于水仙之乡也。记丙午之春，先以度岁无资，衣囊质尽，迨水仙开时，则为强弩之末，索一钱不得矣。欲购无资，家人曰：'请已之。一年不看此花，亦非怪事。'予曰：'汝欲夺吾命乎？宁短一岁之寿，勿减一岁之花。且予自他乡冒雪而归，就水仙也，不看水仙，是何异于不返金陵，仍在他乡卒岁乎？'家人不能止，听予质簪珥购之。"这样的人写出来的咏花诗怎能不感人？看看他的《西溪探梅同诸游侣六首》[①]，可以感受到他有着多么强烈的生活情趣。为了赏梅，他不怕天寒雪深："雪深路未见，地寒开较迟"，他要与游侣"壮哉吾与汝，忍冻犹欢忭"；为了赏梅，也不怕路途曲折难行："樵径何太迂，一里三四折。我喜遂幽情，人嗟费游屐。磴转欹藤扶，桥断卧柳接。天实待诗人，与梅旌寒节。"为了赏梅，李渔还想方设法制作观梅帐篷。《闲情偶寄·种植部·梅》中说："观梅之具有二：山游者必带帐房，实三面而虚其前，制同汤网，其中多设炉炭，既可致温，复备暖酒之用。此一法也。园居者设纸屏数扇，覆以平顶，四面设窗，尽可开闭，随花所在，撑而就之。此屏不止观梅，是花皆然，可备终岁之用。立一小匾，名曰'就花居'。花间竖一旗帜，不论何花，概以总

[①] 《李渔全集》第二卷，浙江古籍出版社，1991，第12页。

名曰'缩地花'。此一法也。"这样酷爱生活的人写出来的诗,丰富了人的生活情趣,怎能不是好诗?

梁启超曾经说,在审美问题上,他最重趣味。的确是高见。趣味是审美的最重要的因素之一,也是艺术的最重要的因素之一。一定意义上可以说,没有趣味就没有审美,没有趣味也没有艺术、没有诗。李渔的诗绝大多数是有趣味的。他的诗,是真正的诗,是地地道道的艺术品。李渔不愧诗人称号。过去人们只以传奇作家、小说作家、戏曲理论家看待李渔,这是不全面的。他的朋友在眉批中说:"今天下谁不知笠翁,然有未尽知者,笠翁岂易知哉!止以词曲知笠翁,即不知笠翁者也。"[①] 此言甚确。

战乱苦难,成就了好诗

虽然李笠翁是一个才气横溢、构思敏捷、出口成章的诗人,他的诗大都是精美的艺术品,不看到这一点,有失公平;[②] 但是,我们也必须指出,李笠翁的诗,其中相当大一部分是应酬唱和之作,有祝寿的(很多是寿联,也有寿诗、寿词),祝贺官员升迁的,祝贺娶妻纳妾的,祝贺生子的,祝贺乔迁的,向达官贵人求援的,作自我介绍的,答谢友人资助的……虽然这些题材俗气十足,或许还带些铜臭味

---

① 《赠许茗车》诗的眉批,《李渔全集》第二卷,浙江古籍出版社,1991,第61页。
② 过去人们不重视李笠翁的诗,可能是习惯于仅仅从社会重大历史价值(即所谓"微言大义")或者以近几十年来所谓"政治标准第一"的眼光来评价艺术所致。古今皆然。白居易《与元九书》评说杜诗,也认为只有几十首价值高。这当然有一定道理。但是不可过甚。生活中的"大事",所谓"微言大义""国家政治""道德伦理"等"宏伟叙事"是非常重要的,以此为题材的作品,当然价值高,这是必须肯定的;但是,生活不仅是"微言大义",不仅是"国家政治",不仅是"道德伦理",不仅是"宏伟叙事";凡是促使人们积极生活、热爱生活、创造生活的,凡是引起人们生活兴趣的,都应该被肯定。从李笠翁的绝大多数诗中,你可以看到他是如何地热爱生活,不管生活环境多么困苦,他总是乐观处之。

儿，他却能以艺术家的巧妙运思，写得有趣，能给人以美感；但其艺术价值毕竟不是很高。个别的诗还有干谒巴结之嫌。

还有一部分诗写个人生活和情感遭际，情真意切，特别是他的《断肠诗》二十首和《后断肠诗》十首，字字血泪，具有强烈的感染力。但是，它们大都咀嚼个人的小悲哀、小欢乐。

假如仅仅是以上这些诗，李渔顶多可以称得上是一个有才气的诗人，但还说不上是杰出诗人或优秀诗人。我之所以称李渔是位杰出诗人或优秀诗人，是基于他战乱苦难中的诗篇。这些诗，描写的是历史沧桑、时代悲凉，在李渔笔下，这场社会变局犹如"海作桑田瞬息间，袁闳土室先崩替"，"地欲成沧海，天疑陨婺星"；李渔歌唱和咀嚼的是百姓的大哀痛，是民众的大呼号，所谓"可怜山中人，刻刻友魑魅。饥寒死素封，忧愁老童稚。人生贵逢时，世瑞人即瑞。既为乱世民，蜉蝣即同类。难民徒纷纷，天道胡可避"；诗人为千千万万百姓的不幸而悲伤、而呼喊，他认为，一个有良知的有正义感的诗人，不能置百姓苦难于不顾而昧着良心去歌颂升平："鼙鼓声方炽，升平且莫歌。天寒烽火热，地少战场多"，"正当离乱世，莫说艳阳天"，"战场花是血，骑路柳为鞭。荒垄关山隔，凭谁寄纸钱"，《婺城行吊胡仲衍中翰》记述了清军在婺城的血腥屠杀，"婺城攻陷西南角，三日人头如雨落。轻则鸿毛重泰山，志士谁能不沟壑"……

这些诗，乃是他一生所作诗歌的最高成就，也是放在中国几千年来无数优秀诗篇中并不逊色的作品。试举几篇最具代表性的作品。

譬如，《甲申纪乱》：

昔见杜甫诗，多纪乱离事。感怀杂悲凄。令人减幽思。窃谓言者过，岂其遂如是。及我遭兵戎，抢攘尽奇致。犹觉杜诗略，十不及三四。请为杜拾遗，再补十之二。有诗不忍尽，恐为仁者忌。初闻鼓鼙喧，避难若尝试。尽日偶然尔，须臾即平治，岂知天未厌，烽火日已炽。贼多请益兵，兵多适增厉。兵去贼复来，贼来兵不至。兵括贼所遗，贼享兵之利。如其吝不与，肝脑悉涂地。纷纷弃家逃，只期少所累。伯道庆无儿，向平憾有嗣。国色委菜佣，黄金归溷厕。入山恐不深，愈深愈多祟。内有绿林豪，外有黄巾辈。表里俱受攻，伤腹更伤背。又虑官兵入，壶浆多所费。贼心犹易厌，兵志更难遂。乱世遇蓶苻，其道利用讳。可怜山中人，刻刻友魑魅。饥寒死素封，忧愁老童稚。人生贵逢时，世瑞人即瑞。既为乱世民，蜉蝣即同类。难民徒纷纷，天道胡可避。①

读这首诗，令人想起杜甫的《北征》《羌村》和"三吏""三别"。如果说杜甫的诗是诗史，那么，李渔的这首诗，明显是学杜甫，也有诗史的味道，颇有杜甫诗风。

再如七古《避兵行》：

八幅裙拖改作囊，朝朝暮暮裹糇粮。只待一声鼙鼓近，全家尽陟山之冈。新时戎马不如故，搜山熟识桃园路。始信秦时法网宽，尚有先民容足处。我欲梯云避上天，晴空漠漠迷烽烟。上帝迩来亦好杀，不然见此胡茫然？我思穴处避入地，陵谷变迁难定计。海作桑田瞬息间，袁闳土室先崩替。下地上天路俱绝，舍生取义心才决。不如坐待千年劫，自凭三尺英雄铁。先刃山妻后刃妾，衔须伏剑名犹烈。伤哉民数厄阳九，天不自持地亦朽。太平岁月渺难期，莫恃中山千日酒。②

---

① 《李渔全集》第二卷，浙江古籍出版社，1991，第8~9页。
② 《李渔全集》第二卷，浙江古籍出版社，1991，第42~43页。

读这首诗，令人想起杜甫的《兵车行》《丽人行》等古歌行。假如单拿这一首来说，将其放在杜甫诗集中，我认为不分伯仲。顺便说一说，李渔善于写七古，还有几首，如《薄命歌》《酒徒篇为燕中褚山人作》《奇穷歌为中表姜次生作》《活虎行》等，也是优秀诗篇。一般而言，李渔的诗虽不及杜甫诗的沉郁顿挫，但却近李白诗的豪放、恣肆。

如果说杜甫因其数量众多的诗史性作品而被公认为伟大诗人，那么，李渔因同样性质的作品被称为杰出诗人或优秀诗人，也是恰当的、合理的。

李渔在战乱中的诗史性诗篇，还有五律《甲申避乱》"市城戎马窟，决策早居乡。妻子无多口，琴书只一囊。桃花秦国远，流水武陵香。去去休留滞，回头是战场"，《乙酉除夕》"鼙鼓声方炽，升平且莫歌。天寒烽火热，地少战场多。未卜三春乐，先拚一夜酡。忠魂随处有，乡曲不须傩"，《清明前一日》"正当离乱世，莫说艳阳天。地冷易寒食，烽多难禁烟。战场花是血，驿路柳为鞭。荒垅关山隔，凭谁寄纸钱"以及《丙戌除夜》、《焚故友骸骨》、《婺城乱后感怀》[①]等。这些诗中，李渔基于汉族士子的亡国之恨与故国之思，对这场社会变革、对民族和亿万百姓的命运进行了严肃的思考，对苍天、对历史进行了呼天号地的叩问。可以说，这些诗是清诗中的上乘之作，也是整个中国古代优秀诗歌宝库的组成部分。

笠翁的联，同样写得才高八斗，很少有人能与匹敌；而他的几篇赋，特别是《苋羹赋》《蟹赋》《荔枝赋》《真定梨赋》《郭璞井赋》等，亦妙趣横生，脍炙人口。

[①] 《李渔全集》第二卷，浙江古籍出版社，1991，第95、98、162、163页。

杰出散文家李笠翁

笠翁不但是优秀的诗人，同时也是杰出的散文家。

他的几篇"传"和"记"，堪称精品，甚至放在古代散文家如韩愈、柳宗元、归有光等所写散文名篇之中，亦并不逊色。譬如《乔复生王再来二姬合传》，真挚之感情浸透全篇，字字血泪，感人至深。写乔姬之病与死："病剧半载，从未恋榻，惟临终数日始僵卧不起，前此皆力疾而行，仍施膏沐，同侪讯以故，答曰：'非不欲卧，恐以不起愁主人，徒扰文思，无益于病者。'时予方辑《一家言》之初集未竟故也。言毕，即令焚香祝天，谓予得侍才人，死可无憾。但惜未能偕老，愿以来生续之；又以此语嘱同辈，令勿使予知。诸姬中，惟与再来最密，临殁，以女授之，属其抚育。凡人之死，未有不改形易视，或出谵语，渠自抱疴至终，无一诞妄之词，诀语亦无微不悉。死时面目，较生前觉好。含敛之物，悉经手捡目视，倩人盥栉毕，乃终。予方恸悼不已，诸姬复以前言告，予益抚棺恸哭，不忍独生。"乔姬之音容才貌，高品亮德，历历如在目前。写王姬，同样鲜活灵动："（王姬）从予七年，不识参、著、芝、术为何味。忽于舟中得疾，天癸不至，腹渐膨然，谬以为娠。盖素望诞儿，凡客赠缠头，人皆随得随用，彼独藏之，欲待生儿制褓裤。至是误以可忧为可喜，如是者屡月，病不稍减而经忽至焉，始知从前见食而呕者，病也，非孕也。始则认忧为喜，今则转喜成忧矣。又以向受复生托孤之命，讵意母亡未几，女亦旋殁，未免负托九原，时时抱痛，皆致疾之由也。"跌宕起伏，富有韵律感。后面一段更动人："予未出门时，诸姬中有一善妒者，好与人角，予怒而遣之。再来不解予意，谬谓一遣百遣，乃向内子及诸妾曰：'生卧李家床，死葬李家土；此头可断，此身不可去也。'内子故设疑词难之曰:'主人老矣,不若乘此芳年,早求得所之为愈。'再来曰:'主人老,而主母之中,多少艾者;诸艾可守,予独不能安于室乎?'诸妾又曰:'我辈皆有子,汝或不生,后将奚恃?'对曰:'主母恃诸郎君,予请恃其所恃。'内子及诸妾闻之,无不沾沾泣下。有一人而三男者,嘉其贤淑,欲以幼子子之。再来曰:'姑缓数年,如果不育,请践斯语。'其性之贞烈若此。临逝,执予手曰:'良缘遂止此乎!'时欲泣无声,且无泪矣。"阅读至此,能不与笠翁一起垂泪!

笠翁的另一篇人物传记《秦淮健儿传》,刻画这位富有传奇色彩的秦淮健儿,亦活灵活现。传记一开头,几句话即写出其"奇":"嘉靖中,秦淮民间有一儿,貌魁梧,色黝异,生数月便不乳,与大人同饮啜,周岁怙恃交失,鞠于外氏。长,有膂力,善拳击,尝以一掌毙一犬,人遂呼为'健儿'。"后来从军,抗倭寇有功,从小校擢功至裨将;但因饮酒伤人,逃至泗水,易名隐于庖丁。笠翁写他盗牛,颇有趣:"民家有犊,丙夜往盗之,牵出,必剧呼曰:'君家牛我骑去矣!'呼竟,倒骑牛背,以斧砍牛臀,牛畏痛,迅奔若风,追之莫及。次日,亡牛者适市物色之。健儿曰:'昨过君家取牛者我也。告而后取,盗也,奚其盗?'索之,则牛已脯矣,无可凭。"[1]但这行为毕竟有点儿无赖。后来受到惩罚,改邪归正,类似周处。

笠翁的几篇游记,《严陵西湖记》《黑山记》《东安赛神记》《登燕子矶观旧刻诗词记》《梦饮黄鹤楼记》等,写得很有味道。《黑山记》写景、状物、描画人事,皆有绝妙之处。山僧法上陪同登山,"时方中伏,臂衣而行。至麓,无级可拾,惟于草木间处,猿步而升。既至,喘如吴牛……"寥寥数语,将攀爬之状,毕现读者眼前。登上山顶,"俯观下界,绿野如枰,千家棋列,烟火郁然,不可涯际"。写

---

[1] 《李渔全集》第一卷,浙江古籍出版社,1991,第87、88页。

下山,更有特色:"日熹微,法上促归,二子(指隐居山上的主人潘氏兄弟)送余于石门。石门者,两石夹道,中可人行,盖天设此险,以锁钥斯峰者也。二子以此为送客之限,遂别去。约二、三里,忽有人策其后曰:'日入矣,可疾行,暝则有虎。'余意二子潜蹑予后,回顾杳然,疑为山鬼。法上指穹窿处谓余曰:'人声不在天上乎!'仰视,则二子同倚危石,以目送余。自下徂巅,相距万仞,而声之下也如咫尺,则是山之巉险壁立可概见,是用记之。"①《严陵西湖记》将杭州西湖与严陵西湖对比描写,亦有异趣;而描绘严陵西湖岸边之景,令人神往:"时日已昃,樵担下云,万峰变态,深浅隐现非一状,枫始丹而未匀,有如桃杏初裂;群鹭归栖林莽,又若梨李之烂开。景物移人,几认白帝为青帝。客之工诗与画者,皆喜得异料云。昔人比西湖于西子,言其媚也。予谓在杭者绰约而绮丽,是既入吴宫者也;此则露倩冶于浑朴,其在苎萝村乎?"②《登燕子矶观旧刻诗词记》和《梦饮黄鹤楼记》,一写寻旧迹,一写追梦境,睹景思物,梦中思人,亦各能触动心灵最柔软的部分。

笠翁的许多书信和序跋,以及赞、辩、露布、誓词、说、疏、券、铭、引、解等,虽短小,然几句话皆趣味盎然,例子随处可见,不胜枚举,如《复王左车》写武人追债,"追呼之虐,过罗刹百倍。日来已偿其半,可谓一半是人,一半是鬼"③。其文字功夫,于数字数句之中,即可见之。

---

① 《李渔全集》第一卷,浙江古籍出版社,1991,第 74~75 页。
② 《李渔全集》第一卷,浙江古籍出版社,1991,第 73 页。
③ 《李渔全集》第一卷,浙江古籍出版社,1991,第 179 页。

笠翁原是园林家

题　　记

　　中国的园林艺术是组织空间、创造空间的艺术，而它之组织空间、创造空间又与西方园林乃至一般的西方造型艺术有很大不同。中国古代造园艺术家和理论家对自己的园林艺术实践进行了理论总结，形成了中华民族独特的园林美学。

　　中国园林，如李渔《闲情偶寄·居室部》所说，特别讲究"不拘成见""出自己裁"，即独创性和艺术个性，特别重视艺术意境和韵味，特别提倡虚实结合、时空浑然一体。中国园林建筑艺术中，"隔"与"通"，"实"与"虚"，相互连合，相辅相成，使你感到意味无穷，而窗子和栏杆的"隔离"起到至关重要的作用，造成奇特的美感效果。借景是中国园林艺术中创造艺术空间、扩大艺术空间的一种精深思维方式和绝妙美学手段；它是中国的"国粹"，"独此一家，别无分店"——外国的园林艺术实践找不到"借景"，外国的园林美学中也找不到借景理论。

中国的园林艺术家精心构思自己的园林作品,如林语堂《吾国与吾民·居室与庭园》所说:"当其计划自己的花园时,有些意境近乎宗教的热情和祠神的虔诚。"① 这里举两个例子。一个是明末的祁彪佳,他少年得志,十七岁中举,二十一岁中进士,进入仕途,曾巡按苏松,颇有政绩,后被排挤降俸,辞官回乡(今浙江绍兴)筑寓山别业,寄情山水。其《寓山注·自序》记述筑园构思曰:"卜筑之初,仅欲三五楹而止,客有指点之者,某可亭,某可榭,予听之漠然,以为意不及此。及于徘徊数四,不觉向客之言,耿耿胸次,某亭、某榭,果有不可无者。前役未罢,辄于胸怀所及,不觉领异拔新,迫之而出。每至路穷径险,则极虑穷思,形诸梦寐,便有别辟之境地,若为天开。以故兴愈鼓,趣亦愈浓,朝而出,暮而归。偶有家冗,皆于烛下了之。枕上望晨光乍吐,即呼奚奴驾舟,三里之遥,恨不促之于跬步。祁寒盛暑,体粟汗浃,不以为苦。虽遇大风雨,舟未尝一日不出。摸索床头金尽,略有懊丧意。及于抵山盘旋,则购石庀材,犹怪其少。以故两年以来,囊中如洗。予亦病而愈,愈而复病,此开园之痴癖也。园尽有山之三面,其下平田十余亩,水石半之,室庐与花木半之。为堂者二,为亭者三,为廊者四,为台与阁者二,为堤者三。其他轩与斋类,而幽敞各极其致,居与庵类,而纤广不一,其形室与山房类,而高下分标其胜。与夫为桥、为榭、为径、为峰,参差点缀,委折波澜,大抵虚者实之,实者虚之,聚者散之,散者聚之,险者夷之,夷者险之。如良医之治病,攻补互投;如良将之治兵,奇正并用;如名手作画,不使一笔不灵;如名流作文,不使一语不韵。此开园之营构也。"②

另一个是生活于清乾隆年间多才多艺的穷秀才沈复(三白),其《浮生六记》卷二《闲情记趣》中有一段关于中国园林特点的概说,

---

① 林语堂:《吾国与吾民》,陕西师范大学出版社,2002,第321页。
② 祁彪佳:《寓山注》,《祁彪佳集》卷七,中华书局,1960,第150~151页。

相当精到："若夫园亭楼阁，套室回廊，叠石成山，栽花取势，又在大中见小，小中见大，虚中有实，实中有虚，或藏或露，或浅或深。不仅在'周回曲折'四字，又不在地广石多，徒烦工费。或掘地堆土成山，间以块石，杂以花草，篱用梅编，墙以藤引，则无山而成山矣。大中见小者，散漫处植易长之竹，编易茂之梅以屏之。小中见大者，窄院之墙宜凹凸其形，饰以绿色，引以藤蔓；嵌大石，凿字作碑记形；推窗如临石壁，便觉峻峭无穷。虚中有实者，或山穷水尽处，一折而豁然开朗；或轩阁设厨处，一开而通别院。实中有虚者，开门于不通之院，映以竹石，如有实无也；设矮栏于墙头，如上有月台，而实虚也。贫士屋少人多，当仿吾乡太平船后梢之位置，再加转移。其间台级为床，前后借凑，可作三榻，间以板而裱以纸，则前后上下皆越绝，譬之如行长路，即不觉其窄矣。"①

李渔晚于祁彪佳十数年而早于沈复数十年，其《闲情偶寄》正是中国古典园林美学的一部标志性著作。中华民族园林美学的许多重要思想，都可以在《闲情偶寄》中找到精彩论述。

李渔是名副其实的园林家。

李渔称"置造园亭"乃其"绝技"之一

李渔在《闲情偶寄·居室部·房舍第一》中自称"生平有两绝技"，"一则辨审音乐，一则置造园亭"。这两个绝技，不但有实践，而且有理论。

---

① 《浮生六记》是清代沈复（字三白，号梅逸）的自传体散文，作于嘉庆十三年（1808），以手抄本流传，上海闻尊阁铅印本刊行于1877年，之后书商和出版社争相刊刻，据统计，一百多年来，中外已有120多个版本印行。

"辨审音乐"的实践有《笠翁十种曲》的创作和家庭剧团的演出可资证明,李渔集剧作家、导演、"优师"于一身,对于音律绝对是行家里手,在他的同时代恐怕没有人能同他比肩,甚至在他之后,终有清一代也鲜有过其右者。"辨审音乐"的理论则有《闲情偶寄》的《词曲部》《演习部》《声容部》的大量理论文字告白于世,他对音律的理论阐述,至今仍放射着光彩。对此,前面我们已略述一二。

"置造园亭"的实践至今在某些书籍中仍然有迹可循。位于北京弓弦胡同的半亩园就是李渔的园林作品。从保存在清代麟庆《鸿雪因缘图记》中的半亩园图可以看到,李渔构思高妙,房舍庭树、山石水池安排得紧凑而不局促,虽在半亩之内,却流利舒畅、清秀恬静。① 李渔的另一园林作品是金陵的芥子园,园址在今南京的韩家潭,是李渔移家金陵后于康熙七年前后营造的。此园在当时人们心目中已经十分有名,据李渔的朋友方文在《三月三日邀孙鲁山侍郎饮李笠翁园即事作歌》云:"因问园亭谁氏好?城南李生富辞藻。其家小园有幽趣,垒石为山种香草。"② 由方文所谓"小园""幽趣""垒石""香草"可以想见此园特点。从李渔在《芥子园杂联序》、《闲情偶寄》和其他诗文中的描绘可知,该园不满三亩,却能以小胜大,含蓄有余。园内有名为"浮白轩"③的书房,有名曰"来山阁"的楼阁,有赏月的

---

① 朱一新撰《京师坊巷志稿》(上):"牛排子胡同　麟庆鸿雪因缘图说:半亩园在弓弦胡同内,本贾中丞汉复宅。李笠翁客贾幕时,为葺新园,垒石成山,引水作沼,平台曲室,奥如旷如。乾隆初杨韩庵员外得之,又归春馥园观察,道光辛丑始归于余。"(北京古籍出版社,1982,第79页)
② 该诗见于《嵞山续集》卷二。方文的《嵞山集》《嵞山续集》《嵞山再续集》有北京出版社1998年的影印本。作者方文(1612—1669),字尔止,号嵞(音 tú)山,安徽安庆府桐城人。著有《嵞山集》十二卷,续集《四游草》四卷(北游、徐杭游、鲁游、西江游各一卷),又续集五卷,共二十一卷。方文之诗以甲申之变为界分前后两期,前期学杜,多苍老之作;后期专学白居易,明白如话,长于叙事。
③ 李渔在《闲情偶寄·居室部》中把芥子园中楹联匾额如"来山阁""浮白轩""栖云谷""仿佛周行三峡里,俨然身在万山中"等,画图印出。

"月榭",有排练和观赏戏曲的"歌台",有与房屋相连"屋与洞混而为一"的假山石洞"栖云谷",有种植着芙蕖(荷花)的池水,有"植于怪石之旁"的盆中茶花小树,有"最能持久愈开愈盛"的石榴红花……除这两处小巧玲珑的园林之外,李渔还有两处规模较大的园林作品,即早年在家乡建造的伊园和晚年在杭州建造的层园。它们也都是园林中的上乘之作。伊园在其家乡本不知名的伊山之麓,李渔在《卖山券》[①]一文中自述,此山"舆志不载,邑乘不登,高才三十余丈,广不溢百亩",既无"寿松美箭",也不见"诡石飞湍";但是李渔在这里却发现了"清泉流淌、山色宜人"的美,而且又进一步创造了人造园林之美——"山麓新开一草堂,容身小屋及肩墙"。根据李渔有关伊园的一些诗(如《伊园杂咏》[②]、《伊园十二宜》[③]、《伊山别业成,寄同社五首》[④]等)的描述,我们可略窥其景致:"对面好山才别去,当头明月又相留","水淡山浓瀑布寒,不须登眺自然宽","听罢松涛观水面,残红皱处又成章","溪山多少空蒙色,付与诗人独自看"……他还给园中亭台起了许多颇有情致的名字并配诗,如"迂径":"小山深复深,曲径折还折";"燕又堂":"有时访客去,抽断路边桥";"停舸":"海外有仙舟,风波不能险";"宛转桥":"桥从户外斜,影向波间浴";"踏影廊":"手捻数茎髭,足踏鲜花影",等等。他对伊园自我评价是:"虽不敢上希蓬岛,下比桃源,方之辋川、剡溪诸胜境,也不至多让。"[⑤] 虽然显得自负了些,但可见其自己非常满意。晚年在杭州吴山之麓购山筑园,自谓此山"由麓至巅,不知历几十级也",故名"层园"。它依山而面湖,挽城而抱水,"碧波千顷,环映几席,两峰、六桥,不必启户始见,日在卧榻之前伺予

[①] 《卖山券》,《李渔全集》第一卷,浙江古籍出版社,1991,第128~129页。
[②] 《伊园杂咏》,《李渔全集》第二卷,浙江古籍出版社,1991,第260页。
[③] 《伊园十二宜》,《李渔全集》第二卷,浙江古籍出版社,1991,第313页。
[④] 《伊山别业成,寄同社五首》,《李渔全集》第二卷,浙江古籍出版社,1991,第165页。
[⑤] 《十二楼·闻过楼》,《李渔全集》第九卷,浙江古籍出版社,1991,第274页。

动定"①。李渔曾自题一联,曰:"尽收城郭归檐下,全贮湖山在目中"②。李渔友人丁澎为《一家言》所作的《序》之中曾引述李渔描述层园之状貌的话:"高其薨,有堂坳然,危楼居其巅,四面而涵虚。其樽栌则有蜷曲若蠖者,户则有纳景如绘者,棂则有若蛛丝大石弓者,户则有机而兽者,檐则有蜿蜒下垂而欲跃者,或俯或仰,倏忽烟云吐纳于其际。小而视之,特市城中一抔土耳。凡江涛之汹涌,巘峰之崱屴,两湖之襟带,与夫奇禽嘉树之所颉颃,寒暑惨舒,星辰摇荡,风霆雨瀑之所磅礴,举骇于目而动于心者,靡不环拱而收之几案之间……"③ 很可惜,这些园林作品我们今天已经无法看到了。

至于"置造园亭"的理论,则有《闲情偶寄》的《居室部》《种植部》《器玩部》洋洋数万言的文字流传于世,尤其是《居室部》,可谓集中体现了李渔关于房屋建筑和"置造园亭"的美学思想。《居室部》共五个部分,"房舍第一"谈房舍及园林地址的选择、方位的确定,屋檐的实用和审美效果,天花板的艺术设计,园林的空间处理,庭院的地面铺设,等等。"窗栏第二"谈窗栏设计的美学原则及方法,窗户对园林的美学意义,其中还附有李渔设计的各种窗栏图样。"墙壁第三"专谈墙壁在园林中的审美作用,以及不同的墙壁(界墙、女墙、厅壁、书房壁)的艺术处理方法。"联匾第四"谈中国房舍和园林中特有的一种艺术因素"联匾"的美学特征,以及它对于创造园林艺术意境、烘托房舍的诗情画意所起的重要作用;李渔还独出心裁创造了许多联匾式样,并绘图示范。"山石第五"专谈山石在园林中的美学品格、价值和作用,以及用山石造景的艺术方法。

---

① 《〈今又园诗集〉序》,《李渔全集》第一卷,浙江古籍出版社,1991,第39页。
② 见《芥子园画传》初集《序》。《芥子园画传》有康熙版、乾隆版等各种版本,国家图书馆、上海图书馆等均有收藏。
③ 李渔的话见丁澎《〈一家言〉序》,《李渔全集》第二卷,浙江古籍出版社,1991,第4页。

贵在独创

"房舍第一"开头的一段小序,体现了李渔十分精彩的园林建筑美学思想。尤其是他关于房舍建筑和园林创作的艺术个性的阐述,至今仍有重要的学术价值。艺术贵在独创,房舍建筑和园林既然是一种艺术,当然也不例外。但是,无论当时还是现在,却往往有许多人不懂这个道理。最近我的一位同事,即国际美学协会(International Association of Aesthetics)主席高建平研究员在他的一本新著《美学的当代转型——文化、城市、艺术》中,有一节题为"千城一面的焦虑"[①],其中说:"迅速的建设,改变了人们的生活状况,也改变了城市的面貌。人们在欣喜之余,也产生了一个焦虑:千城一面!其实,不仅千城一面,而且城里的小区也千区一面,商店千店一面,道路千路一面,大楼也千楼一面。"的确,现在的北京和其他绝大多数城市,单讲民居,千篇一律,毫无个性。如若不信,你坐直升机在北京及其他城市上空转一转,所见到处都是批量生产的"火柴盒"式建筑,整齐划一地排列在地上,单调乏味,俗不可耐,几乎无美可言,无艺术性可论。李渔生活的当时,某些"通侯贵戚"造园,也不讲究艺术个性,而且以效仿名园为荣。有的事先就告诉大匠:"亭则法某人之制,榭则遵谁氏之规,勿使稍异";而主持造园的大匠也必以"立户开窗,安廊置阁,事事皆仿名园,丝毫不谬"而居功。李渔断然否定了这种"肖人之堂以为堂,窥人之户以立户,稍有不合,不以为得,而反以为耻"的错误观念。他以辛辣的口吻批评说:"噫,陋矣!以构造园亭之盛事,上之不能自出手眼,如标新立异之文人;下之至不能换尾

---

① 高建平:《美学的当代转型——文化、城市、艺术》,河北大学出版社,2013,第80页。

移头，学套腐为新之庸笔，尚嚣嚣以鸣得意，何其自处之卑哉！"李渔提倡的是"不拘成见"，"出自己裁"，充分表现自己的艺术个性。李渔在赠给友人佟碧枚的一首七古长诗中曾经做过这样的自我评价："渔也何人敢匹君，才疏学浅驰虚闻。惟有寸长不袭古，自谓读过书堪焚。人心不同有如面，何必为文定求肖。著书自号一家言，不望后人来则效。誉者虽多似者稀，尽有同心不同调。"① 李渔还在给他的朋友李石庵诗文集《覆瓿草》所作序中称赞其"大率清真超越，自抒性灵，不屑依傍门户"②。从李渔的许多文字中，可以看到李渔从自己艺术创作和学术活动中总结出来的一些最基本的美学经验：其一，一定要独创，一定要"创为新异"，要"上不取法于古，中不求肖于今"，坚决反对"雷同"，坚决反对"模仿"，坚决反对"依傍门户"，坚决反对"袭古"，坚决反对"剿窜袭臼，嚼前人唾余"；其二，一定要有独特的个性，要"自为一家"，要"自出手眼"，要"自抒性灵"，要张扬自我而绝不"丧其为我"；其三，一定要如"候虫宵犬，有触即鸣"，有感而发，绝不无病呻吟；其四，一定要自然天成，反对人为的刻意造作、"择声以发"，要提倡艺术家如"虫之惊秋，犬之遇警"那样发自天然的本真鸣叫；其五，为了达到这种本真状态和自然效果，李渔提倡宁"拙"勿"工"，所谓"窃虑工多拙少之后，尽丧其为我矣"，他甚至认为可以"未经绳墨，不中体裁"，即不守成法——这样离天马行空、无拘无束的艺术创作境界就不远了。他的那些园林作品，即是他的理论主张的实践。就拿李渔早年在家乡建造的伊园来说吧，它依伊山山势而建，"伊山在瀫之西鄙，舆志不载，邑乘不登，高才三十余丈，广不溢百亩"，李渔按照自己的个性，把伊园建成一个十分幽静的具有山林之趣的远离市嚣的别墅花园，所谓"拟向先人墟墓边，构间茅屋住苍烟。门开绿水桥通野，灶

---

① 《一人知己行赠佟碧枚使君》，《李渔全集》第二卷，浙江古籍出版社，1991，第79页。
② 《覆瓿草序》，《李渔全集》第一卷，浙江古籍出版社，1991，第41页。

近清流竹引泉"[1]。李渔在《伊园十便·小序》中这样写道:"伊园主人结庐山麓,杜门扫轨,弃世若遗,有客过而问之曰:'子离群索居,静则静矣,其如取给未便何?'主人对曰:'余受山水自然之利,享花鸟殷勤之奉,其便实多,未能悉数,子何云之左也!'"[2] 他创造了一个赏心悦目、自得其乐的乡间园林。李渔游京都时为贾胶侯设计建造的半亩园,位于北京弓弦胡同,"垒石成山,引水作沼",从保存至今的园图看,该园房舍庭树、山石水池,安排得紧凑而不觉局促,虽占地不多,却十分丰满舒畅,清秀恬静,令人顿起可居、可游之想。定居金陵时所造的"芥子园","地止一丘,故名'芥子',状其微也。往来诸公,见其稍具丘壑,谓取'芥子纳须弥'之义,其然岂其然乎?孙楚酒楼,为白门古迹,家太白觞月于此。周处读书台旧址与余居址相邻",园址在南京韩家潭,不满三亩,屋居其一,石居其一,然而却能以小胜大,含蓄有余。晚年迁居杭州时,营造"层园",所谓"层"者,乃"因其由麓至巅,不知历几十级也"——善于因地制宜,适其自然,依山势高低而设计营造,错落有致,参差变幻,层层入胜,在有限的面积之内,巧妙地开拓了园林空间,创造出无限的艺术意境,余味无穷。这座园林,地处西湖边上,可以借景于西湖山水:"开窗时与古人逢,岂止阴晴别淡浓。堤上东坡才锦绣,湖中西子面芙蓉。""似客两峰当面坐,照人一水隔帘清。""目游果不异身游,顷刻千峰任去留。云里霹开三净土,镜中照破二沧州。爱亲歌舞花难谢,喜载楼船水不流。"

李渔深得造园三昧,所造之园,"一榱一桷,必令出自己裁,使经其地、入其室者,如读湖上笠翁之书,虽乏高才,颇饶别致"。他的园林都表现出自己鲜明的艺术个性。

---

[1] 《拟构伊山别业未遂》,《李渔全集》第二卷,浙江古籍出版社,1991,第148页。
[2] 《伊园十便》,《李渔全集》第二卷,浙江古籍出版社,1991,第310页。

因地制宜

中国园林美学特别讲究因地制宜。这也是李渔的一个突出思想。

因地制宜的精义在于，园林艺术家必须顺应和利用自然之性而创造园林艺术之美。这就要讲到园林艺术创造中自然与人工的关系。创造园林美既不能没有自然也不能没有人工。园林当然离不开山石、林木、溪水等自然条件，但美是人化的结果，是人类客观历史实践的结果，园林美更是人的审美意识外化、对象化、物化的产物。同人毫无关系的自然，例如人类诞生之前的山川日月、花木鸟兽，只是蛮荒世界，无美可言；只有有了人，才有了美。人类发展到一定阶段，才有了作为美的集中表现的艺术，包括园林艺术。园林艺术的创造正是园林艺术家以山石、花木、溪水等为物质手段，把自己心中的美外化出来，对象化出来。但是，人所创造出来的园林美，又要因地制宜而妙肖自然，假而真。沈复《浮生六记》卷四《浪游记快》中记述他在海宁所见之安澜园，即因地制宜，"人工而归于天然"："游陈氏安澜园，地占百亩，重楼复阁，夹道回廊；池甚广，桥作六曲形；石满藤萝，凿痕全掩；古木千章，皆有参天之势；鸟啼花落，如入深山。此人工而归于天然者。余所历平地之假石园亭，此为第一。曾于桂花楼中张宴，诸味尽为花气所夺，惟酱姜味不变。姜桂之性老而愈辣，以喻忠节之臣，洵不虚也。"

李渔在《闲情偶寄·居室部·房舍第一》"高下"款中所说的"因地制宜之法"，深刻论述了园林艺术创造中自然与人工关系如何处理的问题。他提出的原则是顺乎自然而施加人力，而人又起了关键性的作用。居宅、园圃，按常理是"前卑后高"，"然地不如是而强欲如是，亦病其拘"。怎么办？这就需要"因地制宜"：可以高者造屋、卑者建楼；可以卑者叠石为山，高者浚水为池；又可以因其高而愈高之、竖阁磊峰于峻坡之上,因其卑而愈卑之、穿塘凿井于下湿之区。但起主导作用的是人。所以,李渔的结论是:"总无一定之法,神而明之,存乎其人。"

"因地制宜"的原则并非李渔首创,早于李渔的计成(1582—?)在所著《园冶》中就有所论述。计成说:"园林巧于因借,精在体宜。"这里的"因",就是"因地制宜";"借",就是"借景"(后面将会谈到)。计成还对"因借"做了具体说明:"因者,随基势之高下,体形之端正,碍木删桠,泉流石注,互相借资,宜亭斯亭,宜榭斯榭,不妨偏径,顿置婉转,斯为精而合宜者也。"[1]

"因地制宜"的原则又可以做广义的理解。可以"因山制宜"(有的园林以山石胜),"因水制宜"(有的园林以水胜),"因时制宜"(按照不同时令栽种不同花木),还可以包括"因材施用"(依物品不同特性而派不同用场)。我国优秀的园林艺术作品中不乏"因地制宜"的好例子。清代沈复《浮生六记》卷四《浪游记快》中所记用"重台叠馆"法所建的皖城王氏园即是:"其地长于东西,短于南北。盖北紧背城,南则临湖故也。既限于地,颇难位置,而观其结构,作重台叠馆之法。重台者,屋上作月台为庭院,叠石栽花于上,使游人不知脚下有屋。盖上叠石者则下实,上庭院者即下虚,故花木仍得地气而生也。叠馆者,楼上作轩,轩上再作平台,上下盘折,重叠四层,且有小池,水不漏泄,竟莫测其何虚何实……"正是"因地制宜",才创造出了王氏园这样奇妙的园林作品。

组织空间　创造空间

李渔之造园,如"伊园""芥子园""半亩园""层园"等"不

---

[1] 计成:《园冶》卷一《兴造论》,中华书局,2011,第20页。《园冶》原刻于明末(1634年)。

拘成见""出自己裁"的独特设计和实施，是一次次出色的组织空间、创造空间的艺术实践。并且李渔还总结出了一套中华民族特有的造园理论。我们高兴地看到，李渔的这些理论思想在现代学者（例如宗白华等人）那里得到了继承和发展。

现代著名美学家宗白华教授（他对李渔园林美学思想推崇备至），就对善于"组织空间、创造空间"的中国传统园林美学思想，有着极为深刻的论述。

扬州个园

中国的园林艺术之组织空间、创造空间，不论是建造大山、小山、石壁、石洞，还是修筑亭台、楼阁、水池、幽径等，都与西方园林乃至一般的西方造型艺术有很大不同。这根本是中西哲学观念不同，宇宙意识、空间意识迥异，观察宇宙的视角不同所致。宗白华对中西之不同，做了鲜明而深刻的对比。他在《美学散步》中反复强调，中国人是飘在虚空中观察对象，而西方人则是立在实地上观察对象。"我们的诗和画中所表现的空间意识，不是象那代表希腊空间感觉的有轮廓的立体雕像，不是象那表现埃及空间感的墓中的直线甬道，也不是那代表近代欧洲精神的伦勃朗的油画中渺茫无际追寻无着的深空，而是'俯仰自得'的节奏化的音乐化了的中国人的宇宙感。《易经》上说：'无往不复，天地际也。'这正是中国人的空间意识！这种空间意识是音乐性的（不是科学的算学的建筑性的）。它不是用几何、三角测算来的，而是由音乐舞蹈体验来的。"①

宗先生说得何等好啊！

西方人用几何、三角测算，故所构成的是透视学的空间。欧洲早期文艺复兴绘画艺术实践中，有一项重大的媒介变革，即"透视法"的发现，它在西方绘画史上、在西方审美文化史上，引起了一场了不起的革命。透视法的发现者是文艺复兴式建筑的创始人、意大利佛罗伦萨建筑家菲利波·布鲁内莱斯基（1377—1446）。英国著名艺术史家贡布里希在他的《艺术发展史》中认为，这项发现"支配着后来各个世纪的艺术……尽管希腊人通晓短缩法，希腊化时期的画家精于造成景深感，但是连他们也不知道物体在离开我们远去时看起来体积缩小是遵循什么数学法则。在此之前哪一个古典艺术家也没能画出那有名的林荫大道，那大道是一直往后退，导向画中，最后消失在地平线上。正是布鲁内莱斯基把解决这个问题的数学方法给予了艺术家；那一定在他的画友中间激起了极大的振奋"。② 正是循着透视学原理，他们的艺术家才由固定角度透视深空，他们的视线失落于无穷，驰骋于无极——追寻、探索、冒险、一往无前且一去不返。透视法的发现和透视学空间的创造，成就了西方造型艺术的辉煌。没有透视学原理和透视法，不可能有文艺复兴三杰——达·芬奇、米开朗琪罗、拉斐尔，不可能有鲁本斯和伦勃朗，不可能有列宾和列维坦等，也不可能

---

① 宗白华：《美学散步》，上海人民出版社，1981，第83页。
② 〔英〕贡布里希：《艺术发展史》，范景中译，林夕校，天津人民美术出版社，2001，第124页。

出现法国凡尔赛宫等宫殿花园和沙皇俄国的皇村等皇家园林。

但那是西方艺术的辉煌。中国艺术则不同，它有自己独特的辉煌。正如宗白华先生所说："中国人于有限中见到无限，又于无限中回归有限。他的意趣不是一往不返，而是回旋往复的。……中国人抚爱万物，与万物同其节奏：静而与阴同德，动而与阳同波。我们宇宙既是一阴一阳、一虚一实的生命节奏，所以它根本上是虚灵的时空合一体，是流荡着的生动气韵。"[1] 为什么中国画家可以把梅、兰、松、菊绘于一个画幅，让春、夏、秋、冬四季处于一时（扬州一座园林就在一个小小空间聚合四季）？因为在中国艺术家眼里，它们是生命的循环往复。它们之中既有空间，亦有时间；时间融合于空间，空间融合于时间；时间渗透着空间，空间渗透着时间。对于中国人来说，"空间和时间是不能分割的。春夏秋冬配合着东南西北。这个意识表现在秦汉的哲学思想里。时间的节奏（一岁十二月二十四节）率领着空间方位（东南西北等）以构成我们的宇宙。所以我们的空间感觉随着我们的时间感觉而节奏化了、音乐化了！画家在画面所欲表现的不只是一个建筑意味的空间'宇'而须同时具有音乐意味的时间节奏'宙'。一个充满音乐情趣的宇宙（时空合一体）是中国画家、诗人的艺术境界"[2]。

由此我们会理解为什么西方的园林建筑那么"实"、那么"真"。那里的山是真山，水是真水。游西方园林，你所看到的就是大自然本来应有的那个样子，那里没有变形、没有夸张、没有象征、没有虚实的变幻与勾连。你到彼得堡郊外的皇村，或者到伦敦海德公园，看到那一大片绿草坪，看到那一棵棵树木，看到那一片水面等，当然也会感到很美；但它们与你在皇村之外的俄罗斯大地上所见到的自然风景，与你在海德公园之外、在英国原野上看到的绿草坪、树木、水面

---

[1] 宗白华：《美学散步》，上海人民出版社，1981，第95页。
[2] 宗白华：《美学散步》，上海人民出版社，1981，第89页。

等，几乎没有两样，没有实质的差别。它们是自然本来状态的美。皇村或海德公园好像不过是把大自然中的这些实物、实景搬过来聚集在一起而已。一般地说，西方园林更重自然，而中国园林更重人为。中国园林是被精心组织起来的空间，是按照一定的审美理念创造出来的空间。中国园林富于象征性，它实中有虚、虚中有实，虚实结合，曲径通幽，意境无穷，如李渔《闲情偶寄》所说"一卷代山，一勺代水"，"能变城市为山林，招飞来峰使居平地"。你游苏州的拙政园、游扬州的个园、游北京的颐和园、游承德的避暑山庄，犹如读抒情诗、听交响乐。在中国的园林中，你会感到有韵律、有节奏，抑扬顿挫、急缓有度。李渔《闲情偶寄》还特别告诉你，当你看园林中的"大山"时，会感到"气魄胜人"，像读"唐宋诸大家"；你看园林中的"小山"，欣赏其"透、漏、瘦"，会感受其空灵、剔透；你面临园林中的"石壁"，会觉得"劲竹孤桐"，"仰观如削，便与穷崖绝壑无异"；你置身园林中的"石洞"，能觉出"六月寒生，而谓真居幽谷"。

如果说那种更重自然本色是西方园林的魅力和特点；那么这种更重人为创造、虚实结合、时空浑然一体、精心组织起来的艺术空间，就是中国园林的魅力和特点。由于中西文化传统、审美心理结构不同，这两种不同形态的园林各有自身的长处和诱人之处，不必扬此抑彼，也不必扬彼抑此，它们都可以而且应该各美其美，发扬自己的优长，保持自己的民族特色；也可以互相学习、交流，使自己审美内涵更加丰富。作为欣赏者、接受者，也可以根据自己的审美趣味和爱好，选择自己的审美对象。有的西方游客很喜欢中国园林之精致巧思，对苏州、扬州、北京等地园林赞美备至；而也有的中国人对西方园林之本色自然颇为欣赏，盛赞美国黄石公园、洛基山公园等之雄阔豪爽。这是说的现代人的情况；即使中国古人，也并非都对中国古典园林一律称道。譬如清代乾隆年间的文人沈复，就对他的家乡苏州的某些园林的过分人为化颇有微词。他在《浮生六记》卷四《浪游记快》中说,"吾苏虎丘之胜,余取后山之千顷云一处,次则剑池而已。余皆半藉人工,且为脂粉所污,已失山林本相。即新起之白公祠、塔影桥,不过留名雅耳。其冶坊滨,余戏改为'野芳滨',更不过脂乡粉队,徒形其妖冶而已。其在城中最著名之狮子林,虽曰云林手笔,且石质玲珑,中多古木;然以大势观之,竟同乱堆煤渣,积以苔藓,穿以蚁穴,全无山林气势"。三白先生所论不无道理。

窗栏:李渔与宗白华之比较

对于中国园林建筑美学来说,李渔所谈到的"窗栏二事",意义大矣——虽然对这大意义,李渔当时还没有明确意识。

那么,这大意义"大"在哪里?

宗白华先生在《美学散步·中国美学史中重要问题的初步探索》中比较中国与埃及、希腊建筑艺术之不同时,曾经精辟地指出:"埃及、希腊的建筑、雕刻是一种团块的造型。米开朗琪罗说过:一个好的雕刻作品,就是从山上滚下来也滚不坏的,因为他们的雕刻是团块。中国就很不同。中国古代艺术家要打破这团块,使它有虚有实,使它疏通。"[①] 宗先生一再强调中国园林建筑"注重布置空间、处理空间,……以虚带实,以实带虚,实中有虚,虚实结合";强调中国园林建筑要"有隔有通,也就是实中有虚",说"中国人要求明亮,要求与外面广大世界相交通。如山西晋祠,一座大殿完全是透空的。《汉书》记载武帝建元元年有学者名公玉带,上黄帝时明堂图,谓明堂中有四殿,四面无壁,水环宫垣,古语'堂厫'。'厫'即四面无墙的房子。这说明《离卦》的美学思想乃是虚实相生的美学,乃是内

---

① 宗白华:《美学散步》,上海人民出版社,1981,第41页。

外通透的美学"。如何实现内外通透、虚实结合？这就需要窗子，需要栏杆。宗先生说："窗子在园林建筑艺术中起着很重要的作用。有了窗子，内外就发生交流。窗外的竹子或青山，经过窗子的框框望去，就是一幅画。"① 明代计成《园冶》所谓"轩楹高爽，窗户邻虚，纳千顷之汪洋，收四时之烂熳"②，说的就是窗户的内外疏通作用。

此外，宗先生在《美学散步·论文艺的空灵与充实》中还从"美感的养成"的角度谈到窗子和栏杆的作用："美感的养成在于能空，对物象造成距离，使自己不沾不滞，物象得以孤立绝缘，自成境界：舞台的帘幕，图画的框廓，雕像的石座，建筑的台阶、栏干，诗的节奏、韵脚，从窗户看山水、黑夜笼罩下的灯火街市、明月下的幽淡小景，都是在距离化、间隔化条件下诞生的美景。"③ 这里强调的是窗子和栏杆的"隔离"作用造成美感效果。

当然，很遗憾，三百多年前的李渔还不可能像宗先生这样从中西对比中，从哲学的高度，精辟分析窗栏的美学作用；他更多的是着眼于表层的、实用的甚至是琐细的、技术性的层面，具体述说窗棂的设计原则（如"体制宜坚"）和制作图样（如"纵横格""欹斜格""屈曲体"），巧则巧也，所见小矣。

不过，李渔在谈"取景在借"时，提出了很高明的见解——那是李渔园林美学的精华所在。

墙　　壁

在中国园林建筑艺术中，"隔"与"通"、"实"与"虚"，相互

---

① 宗白华：《美学散步》，上海人民出版社，1981，第39~40页、第55页。
② 计成：《园冶》卷一《园说》，中华书局，2011，第27页。
③ 宗白华：《美学散步》，上海人民出版社，1981，第21页。

勾连，相辅相成，使你感到意味无穷。游园时，你忽然遇到一堵墙，景致被堵塞，山穷水复疑无路；然而，穿过门、透过窗，豁然开朗，别有洞天，柳暗花明又一村。园林的实际面积并没有增加，但园林的艺术空间却被骤然扩大、伸展了。这是墙壁与窗栏相互为用，通过"隔"与"通"、"虚"与"实"的转换，创造和组织起来的艺术空间。其间，如果说窗栏主要表现为"通"与"虚"，那么墙壁则主要表现为"隔"与"实"。关于窗栏及其作用，前面我们已经谈得很多，现在着重谈墙壁。

墙壁是内与外之间分别和隔离的界限，是人与自然（动物）之间分别和隔离的界限，也是人与"我"之间分别和隔离的界限。

人类从动物界走出来之后，就有了双重身份：既是自然，又超越于自然因而区别于自然、隔离于自然，并且正因为超越于自然、区别于自然、隔离于自然，才真正成为"人"，而不再是"动物"。人对自然、对动物的超越，人与自然、动物区别和隔离，可以表现在两个方面：从内在的精神方面说，人是文化的存在，人有自由自觉的意识和意志，他能自由自觉地进行物质活动和精神活动，他能自由自觉地制造、使用和保存工具，并把自己的文化思想传授给后代——这自由自觉的文化精神活动就是人超越自然（动物）并且与自然（动物）相区别、相隔离的标志；从外在的物质方面说，人通过有意识的、自由自觉的物质实践活动改造和创造自己的物质活动空间，改造和创造自己的生活环境，建造城池、堡垒，建造房屋、殿堂，建造园林以及其他休闲娱乐场地等，这都是人与动物相区别的物质表现和标志。

人生活在自己所改造和创造的这种物质空间之中，既需要与外界相通——不相通就憋死了，又需要与外界相区别、相隔离——不然就不能抵御严寒、酷暑、洪水猛兽等自然暴力。

如何相通？已经说了多少遍——通过窗子、栏杆等。

如何区别和隔离？则常常通过墙壁。城池和堡垒需要围墙，院落需要院墙，房屋和殿堂也需要外墙。而且这"围墙""院墙""外墙"还必须"实"，必须"坚固"，必须牢不可摧、固若金汤，不然就起不到它应有的作用，正如李渔《闲情偶寄·居室部》谈到墙壁时所说："国之宜固者城池，城池固而国始固；家之宜坚者墙壁，墙壁坚而家始坚。"从上述"围墙""院墙""外墙"的作用看，墙壁不仅是人与自然（动物）相区别、相隔离的物质屏障，而且在一定历史时期也是国与国、民族与民族、地区与地区相区别、相隔离的物质屏障，在它们相互敌对的时候尤其如此。中国的万里长城，东德西德之间的"柏林墙"，以色列与巴勒斯坦之间的"隔离墙"，等等，就是典型例证。

目前的世界，在某些地方"隔"似乎不能避免；但是，必须要"通"。

而且，没有"隔"，也就没有"通"，所谓不隔不通、不塞不流者也。

对于艺术，特别是对于园林艺术，更是既需要"隔"也需要"通"。园林或房屋建筑中那些"隔"（起"隔离"作用）的墙壁，一方面，如李渔所说，它自身可以美化，如厅壁和书房壁的绘画、建造女墙和界墙时做出花样，等等；另一方面，而且是更重要的方面，是在园林艺术中，墙壁的阻隔，会造成波澜，形成变化，使园林跌宕起伏、丰富多样。所以，"隔"是不可缺少的。但是，在园林中"隔"与"通"不能分离，它们互为存在的前提和条件；如果只"隔"不"通"，那将失去生气，失去活力，也即失去美。所以在"隔"的同时必须强调"通"，而且时时不要忘记"通"。

一隔一通、一塞一流、一张一弛，才能形成韵律，形成节奏，才能抑扬顿挫，具有优美的音乐感。

就整个世界范围来说，今天国与国、民族与民族、地区与地区之间，"隔"得太厉害、"塞"得太厉害了。相对而言，我们的时代是更加需要扩大"交通"、扩大"融汇"的时代。世界只有在"通"和"流"中才能出现更美的自然景观和人文景观。德国美学家韦尔施所谓整个世界的普遍审美化景象,应该从世界之"通"和"流"中来创造。

借　　景

借景是中国园林艺术中创造艺术空间、扩大艺术空间的一种精深思维方式和绝妙美学手段。所谓借景,就是把园外的风景也"借来"变为园内风景的一部分。如陈从周先生《说园》中说到北京的圆明园时,就说它是"因水成景,借景西山",园内景物皆因水而筑,招西山入园,终成"万园之园"。借景是中国古典园林美学给我们留下的宝贵遗产。明代计成《园冶·兴造》对借景有较详细的论述:"借者,园虽别内外,得景则无拘远近,晴峦耸秀,绀宇凌空,极目所至,俗则屏之,嘉则收之,不分町疃,尽为烟景,斯所谓巧而得体者也。"《园冶·借景》又说:"夫借景,林园之最要者也。如远借,邻借,仰借,俯借,应时而借。然物情所逗,目寄心期,似意在笔先,庶几描写之尽哉。"继承古典美学的借景理论,宗白华先生《美学散步》中就随意举出远借、邻借、仰借、俯借、镜借以及隔景、分景等数种加以发挥,他谈到北京的颐和园可以远借玉泉山的塔,苏州留园的冠云楼可以远借虎丘山景,是为远借;拙政园靠墙的假山上建"两宜亭",把隔墙的景色尽收眼底,是为邻借;王维诗句"隔窗云雾生衣上,卷幔山泉入镜中",叶令仪诗句"帆影都从窗隙过,溪光合向镜中看",此可谓镜借,等等。此外还有"分景"和"隔景":颐和园的长廊,把一片风景隔成两个,一边是近于自然的广大湖山,一边是近于人工的楼台亭阁,游人可以两边眺望,丰富了美的印象,此谓分景。颐和园中的谐趣园，自成院落，另辟一个空间，另是一种趣味，这种大园林中的小园林，叫作隔景。①

各个文化门类的道理是相通的，由园林中的"借景"，我一下子联想到武术中的"借力"，所谓"四两拨千斤"是也，即通过"借"，把对方的力转换成自己的力，以造成意想不到的特殊效果。这是中国文化、中国艺术的奇妙之处，也是中国人的绝顶聪明之处。究其根源，还是与中国独特的哲学观念联系在一起的。中国人看世界事物，一般都是综合的、联系的、融通的，而非分析的、隔离的、阻塞的；中国人的思维常常是"圆形思维"。《庄子·齐物论》云："枢始得其环中，以应无穷。"② 《庄子·则阳》又说："冉相氏得其环中以随成。"③ 有的学者释"环中"曰："居空以随物而物自成。"④ 这都有道理。但我想更应该强调古人思维中内外融通、物我连接、主客一体、循环往复的特点；而循环往复，螺旋上升，也即构成"思维之圆"或曰"圆形思维"。正是依据这种"思维之圆"或"圆形思维"，在美学中就出现了《二十四诗品》中所谓"超以象外，得其环中"，出现了他《与李生论诗书》中所谓"韵外之致""味外之旨"⑤等理论。其思想要旨在于，必须把象内与象外联系起来、融而汇之，透过"象外""韵外""味外"，并且超越"象外""韵外""味外"，从而把握"环中"之精义和深层旨趣。这就是超乎言象之外而得其环中之妙，得其"韵外之致""味外之旨"。

正因为中国人的这种"圆形思维"，总是内外勾连、形神融通、超以象外、得其环中，所以很自然地，在园林艺术中出现了"借景"的

---

① 宗白华：《美学散步》，上海人民出版社，1981，第 56～57 页。
② 《庄子·内篇·齐物论》，见王夫之《庄子解》，中华书局，1964，第 17 页。
③ 《庄子·杂篇·则阳》，见王夫之《庄子解》，中华书局，1964，第 228 页。
④ 郭象对《庄子·则阳》"环中"的注，参见王叔岷《郭象庄子注校记》，商务印书馆，1950。
⑤ 司空图《与李生论诗书》和《二十四诗品》，见郭绍虞主编《中国历代文论选》（上），中华书局，1962，第 491、496 页。关于《二十四诗品》作者问题，存在争议，今姑且从旧说。

审美实践，在中国美学中发展出"借景"的理论思想，真真美妙绝伦！

中国园林中，借景常常通过"窗栏"来实现。李渔在《闲情偶寄》"取景在借"条中所谈的，主要就是运用窗户来借景。他设计了各种窗户的样式：湖舫式、便面窗外推板装花式、便面窗花卉式、便面窗虫鸟式以及山水图窗、尺幅窗图式和梅窗等。他特别提到，西湖游船左右作"便面窗"，游人坐于船中，则两岸之湖光山色、寺观浮屠、云烟竹树，以及往来之樵人牧竖、醉翁游女，连人带马尽入便面之中，作我天然图画。而且，因为船在行进之中，所以摇一橹，变一像，撑一篙，换一景。李渔还现身说法，说自己居住的房屋面对山水风景的一面，置一虚窗，人坐屋中，从窗户向外望去，便是一片美景，李渔称之为"尺幅窗""无心画"。这样，通过船上的"便面窗"，或者房屋的"尺幅窗""无心画"，就把船外或窗外的美景，"借来"船中或屋中了。宗先生在《美学散步》中谈窗子的作用时，就特别提到李渔的"尺幅窗""无心画"，说颐和园乐寿堂差不多四边都是窗子，周围粉墙列着许多小窗，面向湖景，每个窗子都等于一幅小画，这就是李渔所谓"尺幅窗""无心画"。而且同一个窗子，从不同的角度看出去，景色都不相同。这样，画的境界就无限地扩大了。

窗户在这里还起了一种画框的作用。画框对于外在景物来说，是一种选择、一种限定，也是一种间离。窗户从一定的角度选择了一定范围的景物，这也就是一种限定，同时，通过选择和限定，窗户也就把观者视野范围之内的景物同视野范围之外的景物间离开来。正是这种选择、限定、间离，把游人和观者置于一种审美情境之中。

"借景"是中国古典园林艺术创造和园林美学的"国粹"，而且"独此一家，别无分店"。外国的园林艺术实践和园林美学理论，找不到"借景"。

"磊石成山"别是一种学问

李渔《闲情偶寄·居室部》谈山石时说,"磊石成山,另是一种学问,别是一番智巧"。

诚如是也。因为绘画同叠山垒石虽然同是造型艺术,都要创造美的意境,但所用材料不同,手段不同,构思也不同,二者之间差异相当明显。那些专门叠山垒石的"山匠",能够"随举一石,颠倒置之,无不苍古成文,纡回入画";而一些"画水题山,顷刻千岩万壑"的画家,若请他"磊斋头片石,其技立穷"。对此,稍晚于李渔的清代文人张潮(山来)说得更为透彻:"叠山垒石,另有一种学问,其胸中丘壑,较之画家为难。盖画则远近、高卑、疏密、险易,可以自主;此则必合地宜,因石性,物多不当弃其有余,物少不必补其不足,又必酌主人之贫富,随主人之性情,犹必藉群工之手,是以难耳。况画家所长,不在蹊径,而在笔墨。予尝以画上之景作实景观,殊有不堪游览者,犹之诗中烟雨穷愁字面,在诗虽为佳句,而当之者殊苦也。若园亭之胜,则只赖布景得宜,不能乞灵于他物,岂画家可比乎?"[①]

造园家叠山垒石的特殊艺术禀赋和艺术技巧,主要表现在他观察、发现、选择、提炼山石之美的特殊审美眼光和见识上。在一般人视为平常的石头上,造园家可能发现了美,并且经过他的艺术处理成为精美的园林作品。差不多与李渔同时的造园家张南垣曾这样自述道:"……惟夫平冈小坂,陵阜陂陁,板筑之功,可计日以就。然后错之以石,棋置其间,缭以短垣,翳以密篠,若似乎奇峰绝嶂累累乎

---

① 张潮的这段话,见于《虞初新志》卷六吴伟业《张南垣传》后张潮评语"张山来曰:……"一段。

墙外，而人或见之也。其石脉之所奔注，伏而起，突而怒，为狮蹲，为兽攫，口鼻含呀，牙错距跃，决林莽，犯轩楹而不去，若似乎处大山之麓，截溪断谷，私此数石者为吾有也。"① 中央电视台社会与法频道《夕阳红》栏目，曾经介绍过北京曲艺团的老艺术家蔡建国用卵石作画的高超技艺。普通的卵石，在一般人那里，被视为死的石头，弃之不顾；但在他的眼里，却一个个焕发出了生命，或是白发长髯的老寿星，或是含情脉脉的妙龄女郎，或是一只温顺的老山羊，或是一只凶猛的雄狮……总之，他在似乎没有生命的石头上发现了生命，在似乎没有美的地方发现了美，创造了美。

园林中有大山，有小山，有壁，有洞。

李渔认为园林之中的大山之美，如"名流墨迹，悬在中堂，隔寻丈而观之，不知何者为山，何者为水，何处是亭台树木，即字之笔画杳不能辨，而只览全幅规模，便足令人称许。何也？气魄胜人，而全体章法之不谬也"。这种气魄来自何处？一方面，来自作者胸臆之博大、精神之宏阔，这是根底；另一方面，来自构思之圆通雄浑，表现出一种大家气度，这是理路。

而小山，则要讲究"透、漏、瘦"，讲究玲珑剔透，讲究空灵、怪奇，讲究巧智，讲究情趣盎然。它们可在近处赏玩，细处品味。

从石壁之妙说到园林山石的多样化审美形态

石壁之妙，妙在其"势"：挺然直上，有如劲竹孤桐，其体嶙峋，仰观如削，造成万丈悬岩之势。石壁给人造成"穷崖绝壑"的这种审美感受，是一种崇高感，给人提气，激发人的昂扬意志。一般园林多

---

① 张南垣的这段话，见于吴伟业为张南垣写的传记《张南垣传》之中，载《虞初新志》卷六。

是优美，一有陡立如削的石壁，则多了一种审美品味，形成审美的多样化形态。

园林山石的审美形态，确实最是多样化的。除了优美与崇高之外，还有丑。石，常常是愈丑愈美，丑得美。陈从周先生《续说园》[①]一文说："清龚自珍品人用'清丑'一辞，移以品石极善。"有一次到桂林七星岩参观奇石展览，我真惊奇大自然怎么会创造出那么多奇形怪状的石头，如兽，如鸟，如树，如云，如少女，如老翁，如狮吼，如牛饮……令人开心的是各种各样丑陋无比的石头，它们丑得有个性，丑得不合逻辑，然而丑极则美极，个个都可谓石中之极品。

石头还有一种品性，即与人的平易亲近的关系。星空、皓月、白云、长虹，也很美，但总觉离人太远。而石，则可与人亲密无间。譬如李渔在"石洞"款中说，假山无论大小，其中皆可作洞。假如洞与居室相连，再有涓滴之声从上而下，真有如身居幽谷者。而且石不必定作假山。李渔在"零星小石"中说："一卷特立，安置有情，时时坐卧其旁，即可慰泉石膏肓之癖。"庭院之中，石头也亲切可人：平者可坐，斜者可倚，"使其肩背稍平，可置香炉茗具，则又可代几案"。

计成《园冶》卷二第八篇《掇山》，谈假山的形象要有逼真的感觉，"有真为假，做假成真"，"多方景胜，咫尺山林，妙在得乎一人，雅从兼于半士"；并且要掌握形态、色泽、纹理、质地以及坚、润、粗、嫩等石性，然后依其性，各派用场：或宜于治假山，或宜于点盆景，或宜于做峰石，或宜于掇山景。其列举的所造山景有十七种之多，如厅山、楼山、阁山、书房山、池山、内室山、峭壁山……亦颇有见地。第九篇"选石"，列举太湖石、昆山石、宜兴石、龙潭石等十六种之多，并且论述各种石之优长、特性，以及选石之标准。这

---

① 陈从周：《续说园》，见陈从周著《说园》一书，同济大学出版社，2007。

些都可以与李渔之说相对照。

园林与楹联

中国的园林艺术是一种涵蕴深厚的审美现象，而园林中台榭楼阁上几乎不可或缺的制作即是极富文化底蕴和文化含量的楹联，它往往成为一座园林高雅品位的重要表现。尤其是作为一个民族符号和文化象征的历代骚人墨客所题楹联，更是增加审美魅力。例如，相传唐代大诗人李白描写洞庭美色的一副对联，挂在岳阳楼三楼：上联是"水天一色"，下联为"风月无边"。游客对照浩浩洞庭品赏这副对联，赏心悦目，感慨万千。

清代梁章钜在《楹联丛话》中说："尝闻纪文达师言：楹帖始于桃符，蜀孟昶'余庆''长春'一联最古。但宋以来，春帖子多用绝句，其必以对语，朱笺书之者，则不知始于何时也。按《蜀梼杌》云：蜀未归宋之前，一年岁除日，昶令学士幸寅逊题桃符版于寝门，以其词非工，自命笔云：'新年纳余庆，嘉节号长春。'后蜀平，朝廷以吕余庆知成都，而长春乃太祖诞节名也。此在当时为语谶，实后来楹帖之权舆。但未知其前尚有可考否耳。"[①] 其实，一些楹联研究者认为"其前尚有可考"，他们将楹联（对联）的起源追溯得很远，说是相传远在周代，就有用桃木来镇鬼驱邪的风俗。据传说，上古时有神荼、郁垒两神将善于抓鬼，于是民间就在每年过年时，于大门的左右两侧，各挂长七八寸、宽一寸余的桃木板，上画俩神将的像，以驱鬼压邪，即所谓"桃符"。另《后汉书·礼仪志》载："以桃印长六寸，方三寸，五色书文如法，以施门户。"东汉以来，又出现了在

---

① 梁章钜《楹联丛话》卷一，《楹联丛话全编》，北京出版社，1996。

"桃符"上直接书写"元亨利贞"等表示吉祥如意词句的形式，名曰"题桃符"，后即演变为楹联。历史学者陈国华先生介绍说，楹联，它由上、下两联组合而成，成双成对；每副联的字数多寡没有定规，若以单联字数计，则称一言、二言、三言、四言、五言、六言、七言等楹联，最多甚至有百言、二百言者。真是洋洋洒洒，令人叹为观止。最长的楹联，既不是挂在云南大观楼上那副单联90字，上、下联合起来180字长联，也不是立在成都望江楼的崇丽阁楹柱上那副单联106字，上、下联合起来212字长联，也不是挂在四川青城山山门那副单联197字，上、下联合起来共394字长联，而是出自清末张之洞先生之手、为屈原湘妃祠所撰写的那副单联200字，全联400字长联。而最短的楹联，据《民间交际大全》[①] 编者杨业荣先生披露，1931年"九一八"惨案发生时，有人因国恨家仇，含恨写下一副挽联，上联只有一个"死"字，下联则是一个倒写的"生"字：宁可站着死，绝不倒着生（活）。

　　李渔是创作对子、楹联的好手，且有理论。他曾有《笠翁对韵》行世，还有题芥子园别墅联、为庐山道观书联[②]为世所熟知，在《闲情偶寄·居室部·联匾第四》中，又亲手制作了"蕉叶联""此君联""碑文额""手卷额""册页匾""虚白匾""石光匾""秋叶匾"等联匾示范作品，于此可见李渔才情一斑。以上八种匾额，有的是李渔朋友的作品，有的则出诸李渔自己的手笔。其效果当然不能像实境中那样能够尽显光彩，但是读者可以想象其中韵味。匾额作为一种艺术形式，完全是中国的，或者再加上受中华文化影响之日本、韩国、越南等，即汉字文化圈的。也许是我孤陋寡闻——我知道西方教堂或各种建筑物里有壁画，有挂在室内墙壁上的各种绘画或其他装饰品，教堂窗户上有玻璃画，有山墙上、门楣上或者广场上的

[①] 杨业荣编《民间交际大全》，漓江出版社，1986。
[②] 《李渔全集》第一卷，浙江古籍出版社，1991，第241、299页。

雕刻……但我没有见过也没有听说西方有匾额艺术。

不能想象：倘《红楼梦》大观园里没有那些匾额将会是什么样子，还能不能称为"大观园"？

另，据说李渔还有一副自挽联，联文是：

倘若魂升于天，问先世长吉仙人，作赋玉楼，到底是何笔墨；
漫云逝者其萎，想吾家白头老子，藏身母腹，于今始出胞胎。

此联见于宣统二年（1910）上海鸿文书局石印本《礼文汇》。该书是一部关于礼仪文字的工具书，其第十二、十三两卷即收对联。

李渔的人体美论

一

清代著名学者李渔《闲情偶寄》有一部分是论仪容美学的。他的仪容美学思想可以说是他那个时代的高峰。

在别的文章中我曾提到，从某种角度来说，仪容美可以分为两个方面，一是仪容自身的美，即人体本然的美；一是仪容修饰的美，即对人的自然本体进行装扮而创造的美。譬如，古今中外大量的裸体雕塑和绘画，像中国辽宁喀左县东山嘴出土的裸体女性红陶人体塑像，古希腊的各种形态的女神（阿佛洛狄忒）裸体雕像，古代印度的药叉女裸体雕像，文艺复兴时代米开朗琪罗的《大卫》等雕像，近代罗丹的许多裸体雕像，以及现代的健美表演等，展现的都是仪容自身，就这些形象的"原型"而言，即人的自然本体的美；而古希腊裸体雕像的不同发型，中国的"吴带当风"的"带"和"曹衣出水"的"衣"，辛弃疾词《青玉案·元夕》中所写的"蛾儿雪柳黄金缕"（妇女头上的饰物），汤显祖《牡丹亭》中所说的"弄粉调朱，贴翠拈花"、"翠生生出落的裙衫儿茜,艳晶晶花簪八宝填",以及现代的服装模特儿表演,展现的都是仪容修饰的美。仪容自身的美和仪容修饰的美二者应该是可以融为一体的,人们进行化妆,追求的目标和最佳效果即是二者融一;但是,二者虽然密切相关却又不是同一个东西。仪容自身,是天然生就的;而修饰装扮,则完全是人为的事情。对于二者的关系,古人早已有所论述。孔子在回答子夏"'巧笑倩兮,美目盼兮,素以为绚兮'何谓也"的问题时说:"绘事后素。"翻译成白话就是:"先有白色底子,然后画花。"[1] 孔子在这里主要谈的当然不是仪容美的问题,而是借"绘事后素"说明"礼乐"与仁义的关系,即礼后于仁义,也就是礼乐要在仁义的基础上进行。但是,我们可以从孔子的"绘事后素"这句话体会到他关于仪容的自身美与修饰美的关系的看法。孔子所说的"素",相当于我们所说的仪容自身,即人体本然的样子;孔子所说的"后素"的"绘事",相当于我们所说的修饰装扮,即人体经过修饰装扮后表现出来的形态。依孔子的思想逻辑,这两者是有先有后、有主有辅的,人体本然的样子在先,是主,修饰装扮的形态在后,是辅,修饰装扮必须在人体本然的基础上进行。

关于仪容美,李渔首先论述的就是孔子所说的那个"素",即人体本然的美、仪容自身的美。在"声容部"的"选姿第一"中,李渔对人体本然的美丑,如"肌肤""眉眼""手足""态度"等之美丑,提出了自己系统的观点。

关于"肌肤",他说:"妇人妩媚多端,毕竟以色为主。《诗》不云乎'素以为绚兮'?素者,白也。妇人本质,惟白最难。常有眉目口齿般般入画,而缺陷独在肌肤者。"他认为肌肤白嫩细腻者美,而黑老粗糙者则不美。

---

[1] 译文采用杨伯峻《论语译注》,中华书局,1980,第25页。

关于"眉眼",李渔提出,"面为一身之主,目又为一面之主,相人必先相面,人尽知之",而"相面必先相目,人亦尽知,而未必尽穷其秘"。为什么呢?因为人的面貌形体如何,集中表现于"心",但"心"是看不见的,只能由"目"而见"心","察心之邪正,莫妙于观眸子"。今人常说,"眼睛是心灵的窗户",与李渔当年所说的意思相近。可见眼睛对于一个人之美丑的重要性。李渔认为,一个人"情性之刚柔","心思之愚慧",可以在眼睛上见出。李渔说:"目细而长者,秉性必柔;目粗而大者,居心必悍;目善动而黑白分明者,必多聪慧;目常定而白多黑少,或白少黑多者,必近愚蒙。"这种说法当然并不科学,我们也并不同意,但可备一说,是三百多年前那个历史条件下李渔的一家之言。除"目"之外,李渔还谈到"眉"。他说:"眉之秀与不秀,亦复关系情性,当与眼目同视。然眉眼二物,其势往往相因。眼细者眉必长,眉粗者眼必巨,此大较也,然亦有不尽相合者。"但是,不论眉之粗细长短,重要的是"曲":"必有天然之曲,而后人力可施其巧。'眉若远山','眉如新月',皆言曲之至也。即不能酷肖远山,尽如新月,亦须稍带月形,略存山意,或弯其上而不弯其下,或细其外而不细其中,皆可自施人力。最忌平空一抹,有如太白经天;又忌两笔斜冲,俨然倒书八字。变远山为近瀑,反新月为长虹,虽有善画之张郎,亦将畏难而却走。非选姿者居心太刻,以其为温柔乡择人,非为娘子军择将也。"李渔此论,常常印着他那个时代的历史痕迹,今天我们应予批判的分析。

关于"手足",李渔提出,"两手十指,为一生巧拙之关,百岁荣枯所系","且无论手嫩者必聪,指尖者多慧,臂丰而腕厚者,必享珠围翠绕之荣。即以现在所需而论之,手以挥弦,使其指节累累,几类弯弓之决拾;手以品箫,如其臂形攘攘,几同伐竹之斧斤;抱枕携衾,观之兴索;捧卮进酒,受者眉攒,亦大失开门见山之初着矣"。因此,对于手,李渔欣赏的是"纤纤玉指"。而对于脚,李渔则盛赞

"窄窄金莲"；并且，要小脚又善于走路，乃至"步履如飞"。他说，"至于选足一事，如但求窄小，则可一目了然。倘欲由粗及精，尽美而思善，使脚小而不受脚小之累，兼收脚小之用，则又比手更难，皆不可求而可遇者也"。李渔的观点，明显表现出那个时代扭曲的、腐朽的审美观念。

关于"态度"，李渔发表了如下议论：

"古云：'尤物足以移人。'尤物维何？媚态是已。世人不知，以为美色。乌知颜色虽美，是一物也，乌足移人？加之以态，则物而尤矣。如云美色即是尤物，即可移人，则今时绢做之美女，画上之娇娥，其颜色较之生人岂止十倍，何以不见移人，而使之害相思成郁病耶？是知'媚态'二字，必不可少。媚态之在人身，犹火之有焰，灯之有光，珠贝金银之有宝色，是无形之物，非有形之物也。惟其是物而非物，无形似有形，是以名为尤物。尤物者，怪物也，不可解说之事也。凡女子，一见即令人思之而不能自已，遂至舍命以图，与生为难者，皆怪物也，皆不可解说之事也。吾于'态'之一字，服天地生人之巧，鬼神体物之工。使以我作天地鬼神，形体吾能赋之，知识我能予之，至于是物而非物、无形似有形之态度，我实不能变之化之，使其自无而有，复自有而无也。态之为物，不特能使美者愈美，艳者愈艳，且能使老者少而媸者妍，无情之事变为有情，使人暗受笼络而不觉者。女子一有媚态，三四分姿色，便可抵过六七分。试以六七分姿色而无媚态之妇人，与三四分姿色而有媚态之妇人同立一处，则人止爱三四分而不爱六七分，是态度之于颜色，犹不止一倍当两倍也。试以二三分姿色而无媚态之妇人，与全无姿色而止有媚态之妇人同立一处，或与人各交数言，则人止为媚态所惑，而不为美色所惑，是态度之于颜色，犹不止于以少敌多，且能以无而敌有也。今之女子，每有状貌姿容一无可取，而能令人思之不倦，甚至舍命相从者，皆'态'之一字之为祟也。是知选貌选姿，总不如选态一着之为要。态自天生，非可强造。强造之态，不能饰美，止能愈增其陋。同一颦也，出于西施则可爱，出于东施则可憎者，天生、强造之别也。相面、相肌、相眉、相眼之法，皆可言传，独相态一事，则予心能知之，口实不能言之。"

"人问：'圣贤神化之事，皆可造诣而成，岂妇人媚态独不可学而至乎？'予曰：'学则可学，教则不能。'人又问：'既不能教，胡云可学？'予曰：'使无态之人与有态者同居，朝夕薰陶，或能为其化；如蓬生麻中，不扶自直，鹰变成鸠，形为气感，是则可矣。若欲耳提而面命之，则一部廿一史，当从何处说起？还怕愈说愈增其木强，奈何！'"

读罢上面的文字，读者会体味出李渔关于"态度"的这番议论，糟粕与精华共熔一炉，腐朽观念之中夹杂着许多真知灼见，我们需要站在今天的思想高度予以仔细辨析，剔除其糟粕，汲取其精华。

下面我们将从几个方面，对上述李渔关于人体本然之美的一系列观点进行评论。

二

首先我们应该注意到，李渔论人体美，虽然表面看来似乎认为人体的自然形态之美在于人体的自然性质，但深入考察便会看到，他实际上表明人体的自然美主要不在其自然性质，倒在其人为性质，即今天我们所说的人化意义，也就是这种自然形态经过人类实践所获得的社会价值，这是从审美客体这个角度来说的。若从审美主体的角度说，人们之认为人体的某种自然形态美或不美，并不是他们天生具有这种看法，而是人类历史实践所形成的某种社会历史的审美观念在起作用。

譬如，李渔指出，妇人肌肤白细者美，黑粗者不美；"纤纤玉指""手嫩指尖"者美，而"指节累累""臂形攘攘"者不美；眼睛细长、眉毛弯曲者美，而粗目大眉如"倒书八字"者不美；体态"轻盈裊娜"者美，而笨拙木强者不美；等等。但是，究其所以然，难道是因为皮"细"色"白"、目"长"眉"曲"、手"嫩"指"尖"这种自然性质本身造成了妇人的美吗？不是。事实上，皮肤的粗、细，颜色的黑、白，眼睛的长、圆，眉毛的曲、直，这些自然性质本身无所谓美丑；它们之美丑，根本在于它们在人类历史实践中所形成的文化意味、社会价值。当然，李渔当年不可能做出今天我们所能做出的这种明确的理论判断和分析；但是，从李渔的论述中，我们已经可以看出他实际上（或许他自己尚未明确意识到）所强调的是人体美丑在于它们所包含着的历史的、文化的意味，所表现出的社会性质和人文价值。拿"肌肤"来说吧，李渔在"肌肤"条第一句话就指出："妇人妩媚多端，毕竟以色为主。"这就是说，他认为皮肤的颜色（白或黑）是"妩媚"与否的一种标志。这样，肤色"黑"或"白"所表现的美丑，就不在它们的自然性质，而在它们所包含的文化意味和社会价值：妩媚与否。"眉眼"和"手足"亦如是。李渔所谓"目细而长者，秉性必柔；目粗而大者，居心必悍；目善动而黑白分明者，必多聪慧；目常定而白多黑少，或白少黑多者，必近愚蒙"；以及手嫩者"必聪"，指尖者"多慧"，臂丰腕厚者"必享珠围翠绕之荣"，等等，也是注重它们的文化社会意义，即性"柔"、心"悍"、"聪慧"、"愚蒙"、"享珠围翠绕之荣"，而不是"细长""粗大""嫩""尖""丰""厚"等本身的自然性质。至于"态度"，其本身就是一个人文词语，属社会范畴，自不必多说。总之，不管李渔自己是否明确意识到，他实际上已经展示出人的形体本然的美在于其人文内涵、历史意义和社会价值。

到今天为止，越来越多的学界同仁逐渐达成这样一种共识：美不属于自然范畴，而属于社会的历史的文化的范畴，美是人类客观的社会历史实践的成果。美是感性形式表现出来的文化价值现象之一种。人体美当然也不例外。人体本然的美，人的自然形态的美，既然属于社会历史文化范畴，它就绝不可能是凝固不变的，而是随社会历史的发展变化而发展变化的。不同的历史时代，有不同的人体美；通常说的人体美，只能是人体美的一定历史形态。譬如，人类的远古时代，未必以"纤纤玉指""手嫩指尖"为美，未必以皮肤之白嫩细腻为美，未必以形体之"轻盈袅娜"为美。试想人之初，传说中"炼石补天"的女娲和"衔木填海"的精卫，风吹日晒，她们的皮肤不可能像西施、杨贵妃、林黛玉那样白嫩细腻，她们的手、臂也不可能是"纤纤玉指""臂丰腕厚"而大半会是"指节累累""臂形攘攘"，人们也不会在意她们是否眉弯目长，是否体态袅娜轻盈。当时的人们（包括妇女）生产力低下，终日劳碌，辛勤奔忙，以填饱肚子为第一要务，若都像林黛玉，岂不饿死或喂了野兽？何"美"之有？即使有林黛玉型的女子，也不会是当时人们眼中的美女。只有到了比较发达的文明时代，生产力比较发展了，人们相对富裕了，剩余的生活用品多了，闲暇时间也增加了，衣食住行条件改善了，才会出现西施那样的女性，人体美于是出现了不同于原始时代的历史形态。在中国，这大约是夏商周以来进入奴隶社会和封建社会之后的事情。到李渔所生活的明末清初，虽然经历了三四千年的发展变化，但人体美的基本历史形态并无根本改变。因此，李渔对人体美的论述，并非全是他前无古人的独创新论，而是继承和总结了数千年来的历史成果。事实上，从周秦至明清的历史典籍和文艺作品中，可以看到我国历史上人体美的大概面貌，也可看到人们关于人体的审美观念的大概情况。早在先秦时代，人们对人体形态的美就是这么界定的。如《诗经·关雎》中"窈窕淑女"的"窈窕"二字，就是形容妇女既深沉文静又"轻盈袅娜"

的体态;"参差荇菜,左右流之","参差荇菜,左右采之",亦是说的这种体态的优美。《诗经·硕人》中"手如柔荑,肤如凝脂,领如蝤蛴,齿如瓠犀,螓首蛾眉",说的是肤色如"凝脂"之白嫩细腻,手之柔美,眉之"曲",等等。《诗经·葛屦》中也提到"掺掺女手""好人提提"——"掺掺"即"纤纤",前面提到的"纤纤玉指"也;"提提"即"媞媞",腰细状。战国时代的人物夔凤帛画(长沙东南郊陈家大山楚墓中出土)中有一侧立女子画像,细细的腰身,显示出其体形之苗条。此后,楚辞《山鬼》中提到"既含睇兮又宜笑,子慕予兮善窈窕";汉代乐府民歌《陌上桑》中写美男子的肤色,也描述为"为人洁白皙";《孔雀东南飞》描写焦仲卿妻刘氏之美:"指如削葱根,口如含朱丹,纤纤作细步,精妙世无双";古诗十九首《迢迢牵牛星》中有"皎皎河汉女""纤纤擢素手"句;三国曹植《美女篇》描述美女:"美女妖且闲,采桑歧路间。柔条纷冉冉,落叶何翩翩。攘袖见素手,皓腕约金环。头上金爵钗,腰佩翠琅玕。明珠交玉体,珊瑚间木难。罗衣何飘飘,轻裾随风还。"《洛神赋》写洛水之神"肩若削成,腰如约素,延颈秀项,皓质呈露","云髻峨峨,修眉联娟","明眸善睐,靥辅承权"。东晋时代的一个陶立女俑(南京南郊幕府山东晋墓室中出土),脖颈颀长,腰身细柔,形体俏丽。陕西西安郊区出土的隋代陶塑女俑,形体袅娜,亭亭玉立。甘肃天水麦积山上七佛阁西侧"牛儿堂"一组唐塑中有一尊菩萨像,其左手被塑得柔软秀润,富有弹性,灵巧雅致,真可谓一首关于妙龄女性"纤纤玉指"的无声交响曲。唐代大诗人李白有"素手把芙蓉,虚步蹑太清"句;杜甫则有"越女天下白""清辉玉臂寒"等句,而在其长诗《丽人行》中,还用"态浓意远淑且真,肌理细腻骨肉匀"来形容长安丽人的人体美;白居易《长恨歌》描写杨贵妃"天生丽质","雪肤花貌","芙蓉如面柳如眉","玉容寂寞泪阑干","回眸一笑百媚生,六宫粉黛无颜色。春寒赐浴华清池,温泉水滑洗凝脂",等等。唐传奇《柳毅传》中形容龙女"自然蛾眉",《李娃传》中形容李娃"明眸皓腕,举步艳冶"。至五代,关于女子的脚之美丑,发生了重要变化,就是以小脚(三寸金莲)为美,提倡妇女缠足。据李渔的一位友人余怀在《妇人鞋袜辨》(作为附录收在《李渔全集》第三卷)中考证,女子缠足始于南唐李后主。"后主有宫嫔窅娘,纤丽善舞,乃命作金莲,高六尺,饰以珍宝,绹带缨络,中作品色瑞莲,令窅娘以帛缠足,屈上作新月状,着素袜,行舞莲中,回旋有凌云之态。由是人多效之,此缠足所自始也。"此前并无女人缠足之说,也并不以足小为贵。但从五代之后,一种以小足为美的扭曲的审美现象渐多,妇女深受其害,苦不堪言。

总而言之,上面所说历史上以"肌理细腻""雪肤花貌"为美,以"态浓意远""一笑百媚"为美,以身材苗条、袅娜多姿为美,等等,都是重在人体美的社会价值和文化意义。李渔在他的历史时代所提供给他的条件和所允许的限度内,继承、发扬和总结了以往历代关于人体美的思想,提出了自己比较系统的人体美理论,在一定程度上展示和深化了中华民族人体美的历史文化内涵。

三

其次,我们注意到,李渔论人体美,既论及形,也论及神;既论及相貌,也论及心灵;既论及可以看到的外在形体,也论及看不到而能体悟到的内在风韵。他认识到这两个方面虽然不同,却有着紧密的不可分割的联系;他不忽略形、相貌、外在形体,却更看重神、心灵、内在风韵;并且,他认为正是在神、心灵、内在风韵起主导作用乃至主宰作用的前提下,形与神、相貌与心灵、外在形体与内在风韵才能相辅相成、融二为一，形成人体的审美魅力。

中国古人很早就注意到形与神的问题，不过那不是从美学的角度。例如《荀子·天论》中就说："天职既立，天功既成，形具而神生，好恶、喜怒、哀乐臧焉，夫是之谓天情；耳、目、鼻、口、形，能各有接而不相能也，夫是之谓天官；心居中虚，以治五官，夫是之谓天君。"荀子的"天"，与"伪"（即"人为"）相对。"天"即"自然"（天然）。荀子认为人的外在的形体（耳、目、鼻、口、形）是天然具有的器官，他称之为"天官"；而内在的"心"，则是天然具有的对那些器官的主宰，他称之为"天君"。一般来说，在古人看来，人的外在的形体具有感性的、物质的性质；而"心"则具有精神活动的功能——"心之官则思"，所谓"心者，五脏六腑之大主也，精神之所舍也"（《黄帝内经·灵枢》）。"心"总是与"思"、与"精神"、与"情性"相联系。荀子一方面认为"形具而神生，好恶、喜怒、哀乐臧焉"，即认为人的形体是人的喜怒哀乐等精神因子的藏身之所；另一方面更强调形体要受"心"的制宰，即形体这些感性器官要受"心"这个思维、精神器官的统辖。这个思想在中国思想史上很有影响。汉代的《淮南子·原道训》就说："夫形者，生之舍也；气者，生之充也；神者，生之制也。"《淮南子·诠言训》中也说："神贵于形也，故神制则形从，形胜则神穷。"魏晋之际名士、"竹林七贤"之一嵇康在《养生论》说："精神之于形骸，犹国之有君也。"这之后以至南北朝，形神理论广泛运用于品评人物，并且已开始具有或浓或淡的审美意味。《世说新语·容止》载："嵇康身长七尺八寸，风姿特秀。见者叹曰：'萧萧肃肃，爽朗清举。'或云：'肃肃如松下风，高而徐引。'山公曰：'嵇叔夜之为人也，岩岩若孤松之独立，其醉也，傀俄若玉山之将崩。'"另有一条说："裴令公有俊容仪。脱冠冕，粗服乱头皆好，时人以为玉人。见者曰：'见裴叔则，如玉山上行，光映照人。'"《世说新语·任诞》载：

"阮浑长成，风气韵度似父。"这些都是从外在形体与内在风韵的结合中品评人物之美丑。

形神理论之真正运用于美学，大约始于东晋之顾恺之。顾恺之认为"四体妍蚩本无关于妙处，传神写照正在阿堵（指眼睛）中"。顾恺之在《魏晋胜流画赞》中明确提出"以形写神"①的思想，从此，形神兼备、以形写神的思想在中国美学史上影响深远，不断发扬光大。当然，在这个历史过程中也存在只重"形似"而忽视"神似"或忽视"形似"只重"神似"的倾向。刘勰《文心雕龙·物色》曾批评说："自近代以来，文贵形似，窥情风景之上，钻貌草林之中，吟咏所发，志惟深远；体物为妙，功在密附。故巧言切状，如印之印泥，不加雕削，而曲写毫芥。"这里矛头所指，即只重"形似"而忽视"神似"的风气。至于忽视"形似"只重"神似"的倾向，可以晚唐司空图《二十四诗品·形容》所主张的"离形得似"为代表，他认为写诗可以不拘泥于"形"甚至脱离"形"而达到神似。他说："风云变态，花鸟精神。海之波澜，山之嶙峋。俱似大道，妙契同尘。离形得似，庶几斯人。"后来苏东坡也说"论画以形似，见与儿童邻"②。但是，中国美学史上关于形神理论占主导地位的主张还是"形神兼备""以形写神"，重视"神"而不忽视"形"。这是中国美学中最精粹的理论思想之一。而且，这一思想几乎覆盖了包括画论、书论、文论、诗论、舞论、曲论等全部美学领域。需要强调指出的是，在李渔之前，中国美学中的形神理论主要是针对绘画、雕刻、诗词、戏曲等艺术门类，而极少论及人体美。如顾恺之"以形写神""传神写照"是论画的；南齐王僧虔在《笔意赞》中将形神理论用于书法："书之妙道，神采为上，形质次之，兼之者方可绍于古人。"③晚

---

① 张彦远：《历代名画记》卷五"顾恺之"条。
② 苏东坡：《书鄢陵王主簿所画折枝二首》之一，《苏东坡集》前集卷十六。
③ 王僧虔：《笔意赞》，《书法钩玄》卷一。

唐司空图"离形得似"是谈诗；明代汤显祖认为"文章之妙不在步趋形似之间"①，"文以意趣神色为主"②，是谈文的；叶昼评《水浒》，认为写小说也要"传神写照"："描画鲁智深，千古若活，真是传神写照妙手。"（《明容与堂刻水浒传》第三回回末总评）这是运用形神理论谈小说人物形象的塑造。只有到了明末清初的李渔，才真正比较深入、比较系统地运用形神理论观察人体美。例如，李渔在谈"眉眼"时，注意的重点是眼睛所表现的内在精神。他说："相人之法，必先相心，心得而后观其形体，形体维何？眉发口齿、耳鼻手足之类是也。心在腹中，何由得见？曰：有目在，无忧也。"虽然李渔也按照自己的审美观念提出目"细"眉"曲"为美目秀眉的标准，但他强调的并不是眉目的外在形态本身，而是这外在形态所表现的内在心灵（"情性之刚柔，心思之愚慧"）。在论"手足"时，李渔也是着眼于手足是否表现出人的内在聪明才智。尤其值得注意的是"态度"条。所谓态度，就是一个人内在的精神涵养、文化素质、才能智慧而形之于外的风韵气度，于举手投足、言谈笑语、行走起坐、待人接物中皆可见之。李渔认为，多姿色少媚态者同少姿色多媚态者相比，后者更能动人。可见内在之态度的重要性。如果外在姿色好内在态度也好，达到外在美与内在美的融合统一，这当然是尽善尽美；如果二者不平衡，则内美胜者为上。李渔关于人体美的这一观点是一贯的。在《李渔的戏剧美学》中，我曾引述过他在《风筝误》第二出中的一段话，说美人的美与不美有三个条件，一曰"天姿"，二曰"风韵"，三曰"内才"。他认为有天姿而无风韵，像个泥塑美人；有风韵而无天姿，像个花面女旦；但是，天姿与风韵都有了，也只是半个美人，剩下半个，要看她的"内才"。可见，内在的聪明才智、文化素养以及道德品质对人体美至美重要。

---

① 汤显祖：《玉茗堂文之五·合奇序》，《汤显祖集》，中华书局，第1078页。
② 汤显祖：《玉茗堂尺牍之四·答吕姜山》，《汤显祖集》，中华书局，第1337页。

顺便说一下，对于人体美的这一要求，中国与西方虽在具体论述上各不相同，但精神实质是相近的。例如17世纪英国哲学家弗兰西斯·培根在《论美》中就曾说过："在美方面，相貌的美高于色泽的美，而秀雅合式的动作的美又高于相貌的美。这是美的精华，是绘画所表现不出来的，对生命的第一眼印象也是如此……。我们常看到一些面孔，就其中各部分孤立地看，就看不出丝毫优点；但是就整体看，它们却显得很美。如果美的精华在于文雅的动作这句话不错，老年人比青年人往往美得多这个事实就当然不足为奇了。"① 18世纪英国画家和艺术理论家荷迦兹在《美的分析》中也说，"要讲善良的、聪明的、机智的、通达人情的、仁慈的和勇敢的人，就应当讲他们的行为、语言和举止"。又说，"没有一种动物能像人类那样在真正的多样和优美的方向中运动"②。培根生活的时代比李渔略早一点，而荷迦兹则比李渔略晚一些。他们远在西方，同李渔处于不同的文化环境之中，但他们关于人体美的思想却与李渔大体相近。

这是人类共同的思维成果。

四

说到内美，特别是说到"态度"之美，就不能不说到"媚"，不能不说到"媚"对人体美的重要意义。

读者大概已经注意到，在讲"态度"时，李渔时常把"态"与"媚"联系在一起，称为"媚态"；在"肌肤"条中，李渔开头一句"妇人妩媚多端"也谈到"媚"。李渔特别强调"媚"对于人体美的至关重要的价值。

---

① 北京大学哲学系美学教研室编《西方美学家论美和美感》，商务印书馆，1980，第77~78页。
② 〔英〕荷迦兹：《美的分析》，《古典文艺理论译丛》第5期，人民文学出版社，1963。

那么，什么是"媚"呢？

"媚"，简单地说，就是一种动态的美，是运动着的美，流动的美。

人的根本特征在于他是一种生命存在。而且，他又不是一般的生物学意义上的生命存在，而是有意识有意志的社会的生命存在，历史的生命存在，文化的生命存在。作为生命，人的生物学意义上的生命只是一种外在的自然形式，而其社会生命、历史生命、文化生命才是内在的深层的内容。外在的表层的形式表现着内在的深层的内容，二者融合统一，才构成人的完整的生命现象，这才是决定人的生命本质特性的关键性因素。

生命在于运动。没有运动，就意味着死亡。因此，人的美，人体的美，生命的美，绝不能离开运动，绝不能离开人的生命活动。这样，人体的美，不能不联系着它的"媚"。古今中外，概莫能外。对于媚，许多哲学家、美学家做过十分精辟的论述。德国美学家莱辛在他的名著《拉奥孔》第二十一章中说："媚就是在动态中的美，因此，媚由诗人去写，要比由画家去写较适宜。画家只能暗示动态，而事实上他所画的人物都是不动的。因此，媚落到画家手里，就变成一种装腔作势。但是在诗里，媚却保持住它的本色，它是一种一纵即逝而却令人百看不厌的美。它是飘来忽去的。因为我们回忆一种动态，比起回忆一种单纯的形状或颜色，一般要容易得多，也生动得多，所以在这一点上，媚比起美来，所产生的效果更强烈。阿尔契娜的形象到现在还能令人欣喜和感动，就全在她的媚。她那双眼睛所留下的印象不在黑和热烈，而在它们'娴雅地左顾右盼，秋波流转'，爱神绕着它们飞舞，从它们那里放射出他箭筒中所有的箭。她的嘴荡人心魂，并不在两唇射出天然的银朱的光，掩盖起两行雪亮的明珠，而在从这里发出那嫣然一笑，瞬息间在人世间展开天堂；从这里发出心畅神怡的语言，叫莽撞汉的心肠也会变得温柔。她的乳房令人销魂，并不在它皙白如鲜乳和象牙，形状鲜嫩如苹果，而在时起时伏，像海上的微波，随着清风来去，触岸又离岸。"① 莱辛是在对比诗与画的区别时，论述媚作为动态美的特征的。根据他对媚的界定，用媚来说明作为生命形态的人体美的特点最为贴切。如果离开了媚，就不可能抓住人体美最本质也最显著的特征。我国古代也是善于以媚来展示人体美的，大家所熟悉的《诗经·硕人》，其描写"硕人"之美，写到静态（"手如柔荑，肤如凝脂……"），也写到动态（"巧笑倩兮，美目盼兮"），对比一下就会感觉到，动态美（"媚"）比静态美（"美"）更动人。之后，楚辞《山鬼》写美人"既含睇兮又宜笑"，《孔雀东南飞》写刘氏"纤纤作细步"，《木兰诗》中写木兰"当窗理云鬓，对镜贴花黄"，《长恨歌》写杨贵妃"回眸一笑百媚生""含情凝睇谢君王"，《琵琶行》写琵琶女"千呼万唤始出来，犹抱琵琶半遮面"，等等，都在展示"媚"的魅力。当然，中国人的"媚"与西方人的"媚"，可能会有许多不同的特点，但不论中国人还是西方人，认为动态美的"媚"最富审美魅力，却是一样的。

"媚"之所以最具有审美魅力，是因为"媚"比"美"更能传神。在李渔看来，假如没有"媚"，没有传神的"风致"和"机趣"，人就会像"泥人土马，有生形而无生气"。"媚"，表现的是一种生命的运动，一种勃勃的生机和活力。假如没有"媚"，女人也就会像是无生命的"绢作之美女"，尽管色彩艳丽，也不会"移人"、感人。只有真正流动着生命的"媚"，才能生发"令人思之不倦，甚至舍命相从"的力量。李渔在谈到戏曲演员的表演时，也谈到化美为媚的问题。他指出，演员在演唱时，必须"以精神贯串其中，务求酷肖。若是，则同一唱也，同一曲也，其转腔、换字之间，别有一种声口，举目回头之际，另是一副神情"。李渔认为，只有用"心"来唱而不只是用"口"来唱，才能变"死曲"为

---

① 〔德〕莱辛：《拉奥孔》，朱光潜译，人民文学出版社，1979，第121页。

"活曲",也就是说,只有投入自己的生命活动,才能化美为媚,产生勾魂摄魄的审美力量。

总之,在李渔看来,媚是人体美的关键性因素。

五

在这一节的最后,我还想简略谈一谈李渔对人体美的论述所表现出来的一些缺陷。

首先要指出的最大的缺陷是,长期的封建社会的历史实践和铁桶般牢固的男权主义的人际结构给李渔造成、李渔自身也欣然接受的腐朽审美观念,如,视女性为玩物、为审美消费品,赞赏女人缠足这种畸形的、扭曲的"美",等等。

其次,李渔在论述人体美时,表现出一种把本不该分割开来的有机整体机械分割开来的倾向。

众所周知,人的整个身体,作为大自然进化最高成果的有机生命整体,本是不可分割的。人的五官四肢,只有作为这个有机生命整体的一个组成部分时才有意义,若离开整体孤立地看各个部分,实际上没有价值。譬如,一双手,说它们美或不美,只能联系于整个人来评价;若像燕太子丹那样,因刺客荆轲喜欢某美人的手,就把那双手割下来送给荆轲,试问,那离开生命整体的手还有什么美可言呢?

人的五官四肢,人身体的任何一个部分,只有作为人的生命的表现形态,才能是美的;人的生命是不可分割的,因而人体的美也是不可分割的。前面我们曾引述过培根的话,"我们常看到一些面孔,就其中各部分孤立地看,就看不出丝毫优点;但是就整体看,它们却显得很美"。我还要补充一句:这个面孔孤立地看也不美,只有作为某个人的有机生命整体的一部分，同完整的生命联系起来，才美。

李渔在"声容部"的"选姿第一"中，分别地孤立地论述"肌肤"的美，"手足"的美，"眉眼"的美，"态度"的美，等等，在一定程度上，犯了分割整体美的错误。肌肤之黑白，眉目之曲长，手足之大小、粗细等，本身孤立起来看很难说美丑。一个人的手或足，眼或眉，只能是这一独特生命整体的不可分割的部分；只有当它们成为这一个生命整体的表现形式，有机地融为一体时，才可能美。

上面我们还只是从形式美的角度来批评李渔孤立地论述"手足""眉眼""肌肤"之美的缺点；若深入美的内容，更可见出李渔的不足。譬如，人肌肤之黑白，作为某个独特生命整体的组成部分和表现形式，必然蕴含着一定的社会、伦理、文化的意义，因此就更不能以黑白这种自然性质和外在形式本身来论美丑。

当然，我们也不能以今天的审美标准来苛求三百多年前的李渔。况且，李渔也不是完全没有看到人体的某个部分（如手足、眉眼、肌肤等）同生命整体的内在联系——他之论由"目"见"心"、由手足见出人的聪慧愚钝等，便是证明。同时，李渔也在一定程度上揭示出人体美的历史文化内涵。

总之，李渔论人体美，虽然在今天看来带有那个时代所留给他的历史局限，但他的贡献和功绩也是不可抹杀的。

李渔的服饰美学

关于服饰美学，李渔也有自己的理论建树，提出了不少相当精彩的观点，其中第一个须要特别注意的就是"与貌相宜"，这是李渔服饰美学的核心思想；其次，在论述了"与貌相宜"的思想后，紧接着就谈用什么样的措施和方法来实现服装美的这种理想目标，这就是"相体裁衣"，它成为服饰美学实际操作中的一项普遍法则。李渔对服饰的文化内涵和服饰风尚的流变也有精彩的论述。

"与貌相宜"

《闲情偶寄》中关于"治服"，即属于今天我们所谓服饰美学范畴里的许多问题，李渔也有自己的理论建树，提出了不少相当精彩的观点，我认为其中第一个须要特别注意的就是"与貌相宜"，这是李渔服饰美学的核心思想。

何谓"与貌相宜"？

李渔在《闲情偶寄·声容部·治服第三》"衣衫"款开头便说："妇人之衣，不贵精而贵洁，不贵丽而贵雅，不贵与家相称，而贵与貌相宜。"这几句话中,我认为"贵与貌相宜"是李渔服装美学的总体指导思想,具有非常重要的地位,在今天仍然具有极其重要的参考价值。

在李渔看来,服装(包括鞋帽)必须与穿戴它的人相适宜、相协和、相一致,融为一体而相得益彰,也就是一些美学家所倡导的和谐美。李渔认为这是服装美的基本标志,也是服装美的理想状态。如果服装与穿着人的面色、体态、地位、身份、气质等不相称、不相宜、不协和、不一致,那就根本谈不上美。李渔说:"贵人之妇,宜披文采,寒俭之家,当衣缟素,所谓与人相称也。然人有生成之面,面有相配之衣,衣有相配之色,皆一定而不可移者。今试取鲜衣一袭,令少妇数人先后服之,定有一二中看,一二不中看者,以其面色与衣色有相称、不相称之别,非衣有公私向背于其间也。使贵人之妇之面色,不宜文采而宜缟素,必欲去缟素而就文采,不几与面为仇乎?故曰不贵与家相称,而贵与面相宜。"此外,李渔还提出服装"贵洁""贵雅"的问题:"绮罗文绣之服,被垢蒙尘,反不若布服之鲜美,所谓贵洁不贵精也。红紫深艳之色,违时失尚,反不若浅淡之合宜,所谓贵雅不贵丽也。"就是说,一套服装如果弄得脏兮兮的,再好、再精也说不上美;一套服装如果只是华丽甚至花里胡哨却不雅致,那也很难说得上美。其实"贵洁""贵雅"也涉及并且最后归结到"合宜"与否(是否"与貌相宜")的问题,也即李渔所谓"绮罗文绣之服""红紫深艳之色"倘若"违时失尚,反不若浅淡之合宜"。

细细分析起来,我认为"与貌相宜"可以有几个方面的意思。

一是与人的面色相宜。这是李渔关注得最多的地方。他强调"人有生成之面,面有相配之衣,衣有相配之色"。为什么同一套衣服让好几个人来穿,有的人穿上好看,而有的人穿上则不好看呢?关键在于"面色与衣色"之相称与否。不同的人,面色黑白不同,皮肤粗细各异，所以就不能穿同样颜色、同样质料的衣服。衣服若与其人面色不协和、不相宜，则不美反丑（"与面为仇"）。所以各人必须找到与自己的"面色"相宜的衣服。这一点李渔有比较自觉的意识。

一是与人的体形相宜。李渔对此虽然也隐约意识到了，但关注不够，故论述也不多。今天的服装设计师特别注意人的体形特点，譬如个子的高矮，身材的胖瘦，肩膀的宽窄，脖子的长短，臀部的大小，上下身的比例协调度（有的人上下合度，有的却是上身长下身短或是下身长上身短），腰肢之粗细，胸部是否丰满，等等，根据每个人的不同特点，设计、裁剪和缝制与其相宜的衣服。

一是与人的性别、年龄、身份、社会角色以及穿着场合等相宜。李渔对此也有所涉及，他注意到服装与"少长男妇"即性别、年龄的关系，如谓"女子之少者，尚银红桃红，稍长者尚月白"；他还举头巾为例，认为不同头巾可以"分别老少"："方巾与有带飘巾同为儒者之服，飘巾儒雅风流，方巾老成持重，以之分别老少，可称得宜。"他注意到服装与文化素养有关，认为"粗豪公子"宜戴"纱帽巾之有飘带者"，而风流小生则宜戴潇洒漂亮的"软翅纱帽"。他提到不同场合宜穿不同衣服，如"八幅裙"与"十幅裙"就有家里家外之别："予谓八幅之裙，宜于家常；人前美观，尚须十幅。"他还经常谈论"富贵之家"与"贫寒之家"服饰的不同，等等。

一是与人的内在气质相宜。李渔强调了服装与内在气质和文化素养的关系，如解释"衣以章身"时说："章者，著也，非文采彰明之谓也。身非形体之身，乃智愚贤不肖之实备于躬，犹'富润屋，德润身'之身也。同一衣也，富者服之章其富，贫者服之益章其贫；贵者服之章其贵，贱者服之益章其贱。有德有行之贤者，与无品无才之不肖者，其为章身也亦然。设有一大富长者于此，衣百结之衣，履踵决之履，一种丰腴气象，自能跃出衣履之外，不问而知为长者。是敝服垢衣，亦能章人之富，况罗绮而文绣者乎？丐夫菜佣窃得美服而被焉,往往因之得祸,以服能章贫,不必定为短褐,有时亦在长裾耳。'富润屋,德润身'之解,亦复如是。富人所处之屋,不必尽为画栋雕梁,即居茅舍数椽,而过其门、入其室者,常见荜门圭窦之间,自有一种旺气,所谓'润'也。"这段话中,李渔的许多观念在今天看来显然是需要加以批判地分析的,不能完全肯定;但是他关于服饰与内在气质相宜的思想,还是可以"抽象"地继承和吸收的。

一是与时尚和社会文化环境相宜,即前面我谈到的,李渔认为服饰不能"违时失尚"。但是由于历史时代的限制,李渔对此不可能论述得很深。一般地说,服饰应该同一定社会的时代风尚和文化氛围中人的精神特点相宜。例如魏晋时部分文人蔑视礼法,他们的衣服常常是宽衫大袖、褒衣博带;唐朝社会相对开放,女子的"半臂"袖长齐肘,身长及腰,领口宽大,袒露上胸,表现了对精神羁绊的冲击和对美的大胆追求;宋代伊始,控制较严,颁布服制,"衣服递有等级,不敢略有陵躐",人们衣着相对严谨;等等。

说到这里,我想再顺便提一下,"与貌相宜"中,李渔着重谈的主要是衣服与面色等几个方面的关系,而没有具体论及衣服与体形的关系。这是个遗憾。之所以如此,还是我在别的地方曾说过的那个原因:中国的民族传统不重视人体美,很少从解剖学的角度研究人体,也很少注意到人体的线条美。李渔只是在"衣衫"款后面谈到"鸾绦"即束腰之带时,才提起"妇人之腰,宜细不宜粗,一束以带,则粗者细,而细者倍觉其细矣",间接地涉及人的体形、线条问题;然而,所谈也不是裁剪和缝制衣服时要考虑形体美和线条美,而只是说用束衣带的方法显出身段的形体美和线条美。

但是,无论如何,李渔的服装理论中还是提出了衣服要"与貌相宜"这个极为精彩的观点,这是难能可贵的。

"相体裁衣"

李渔在论述了"与貌相宜"的思想后，紧接着就谈用什么样的措施和方法来实现服装美的这种理想目标。李渔说，那些绝色美人，制作"与貌相宜"的衣服容易一些，借用苏轼诗句来说，李渔的意思即"淡妆浓抹总相宜"；而"稍近中材者，即当相体裁衣，不得混施色相矣。相体裁衣之法，变化多端，不应胶柱而论，然不得已而强言其略，则在务从其近而已。面颜近白者，衣色可深可浅；其近黑者，则不宜浅而独宜深，浅则愈彰其黑矣。肌肤近腻者，衣服可精可粗；其近糙者，则不宜精而独宜粗，精则愈形其糙矣"。而世间绝色美人能有几个？绝大多数皆为芸芸众生矣。因此，李渔所提"相体裁衣"也就成为服饰美学实际操作中的一项普遍法则了。

就是说，做到"与貌相宜"的关键在于"相体裁衣"，或者说"相体裁衣"是实现服装"与貌相宜"之理想目标的基本措施和主要方法。

"相体裁衣"或称"量体裁衣""称体裁衣"，这个思想大概最早见于《南齐书·张融传》："（太祖）手诏赐融衣曰：'……今送一通故衣，意谓虽故，乃胜新也，是吾所著，已令裁减称卿之体'。"太祖皇帝把自己穿过的一通故衣赐予大臣张融，并事先按照张融的身材重新裁剪，以与其身体相称。

李渔认为，"相体裁衣之法，变化多端，不应胶柱而论"，大体说，主要有以下有两个方面。

一是"相"面色之"白"与"黑"而决定衣料颜色之"深"与"浅"。面色白的，衣色可深可浅；面色黑的，宜深不宜浅，浅则愈形其黑矣。

二是相皮肤之"细"与"糙"而决定衣料质地之"精"与"粗"。皮肤细的，衣服可精可粗；皮肤糙的，则宜粗不亦精，精则愈形其糙矣。

这两点都表现了李渔懂得色彩学的某些原理，这在300多年前是很不容易的。

今天的人们对于色彩学的一些基本常识大都比较熟悉，对于色彩在人的心理上引起的一些反应和效果也都略知一二。譬如，不同波长的光会使人感觉到不同色彩，而这些不同色彩又会引起人的不同生理反应和心理反应。因此色彩的美感与生理上的满足、心理上的快感有关。色彩心理与年龄、职业、环境、文化氛围、社会角色等都有关系。色彩会使人产生冷暖感、轻重感、软硬感、强弱感、明快感与忧郁感、兴奋感与沉静感、华丽感与朴素感、收缩感与膨胀感[①]等等。李渔当然不会有今天人们的这些知识。但是，从他所谓面色之"白"与"黑"与衣料颜色之"深"与"浅"、皮肤之"细"与"糙"与衣料质地之"精"与"粗"的关系来看，这个聪明的老头儿已经悟出了对比色[②]和协和色的巧妙处理，能够影响人的美感。他知道，为了掩饰人的面色之黑，要避免对比色，而用协和色。因为一对比，黑者愈显得黑；若用协和色，则使人在感觉上模糊了脸面之色与衣料之色的界限，黑者反而不觉得黑了。皮肤之"细"与"糙"与衣料质地之"精"与"粗"的处理是同样道理。这样处理的结果，从科学上讲，人的面色黑白与皮肤细糙没有任何改变；但从主体生理和心理

---

① 大多数色彩学家认为：白色有冷感，黑色有暖感；色彩的轻重感一般由明度决定，高明度具有轻感，低明度具有重感；色彩软硬感与明度、纯度有关，明度较高的具有软感，明度较低的具有硬感；纯度越高越具有硬感，纯度越低越具有软感；强对比调具有硬感，弱对比调具有软感；高纯度色有强感，低纯度色有弱感；色彩明快感与忧郁感与纯度有关，明度高而鲜艳的色具有明快感，深暗而混浊的色具有忧郁感；色彩的兴奋感、沉静感与色相、明度、纯度都有关，凡是偏红、橙的暖色系具有兴奋感，凡属蓝、青的冷色系具有沉静感；明亮的色彩属于膨胀色，深暗的色彩属于收缩色，等等。

② 两种可以明显区分的色彩，叫对比色；调和色也叫姐妹色或相似色，包括同种色、同类色等。

感受的改变所造成的美感变化来说，却产生了不同审美效果。

关于服装色彩问题我还要多说几句。从《闲情偶寄》所涉及的有关服饰美的文字，我们看到李渔特别注意衣服的色彩美。在谈"青色之妙"时，他提出要运用色彩的组合原理和心理效应来创造服装美。请看下面这一段不可多得的妙文："然青之为色，其妙多端，不能悉数。但就妇人所宜者而论，面白者衣之，其面愈白，面黑者衣之，其面亦不觉其黑，此其宜于貌者也。年少者衣之，其年愈少，年老者衣之，其年亦不觉甚老，此其宜于岁者也。贫贱者衣之，是为贫贱之本等，富贵者衣之，又觉脱去繁华之习，但存雅素之风，亦未尝失其富贵之本来，此其宜于分者也。他色之衣，极不耐污，略沾茶酒之色，稍侵油腻之痕，非染不能复着，染之即成旧衣。此色不然，惟其极浓也，凡淡乎此者，皆受其侵而不觉；惟其极深也，凡浅乎此者，皆纳其污而不辞，此又其宜于体而适于用者也。贫家止此一衣，无他美服相衬，亦未尝尽现底里，以覆其外者色原不艳，即使中衣敝垢，未甚相形也；如用他色于外，则一缕欠精，即彰其丑矣。富贵之家，凡有锦衣绣裳，皆可服之于内，风飘袂起，五色灿然，使一衣胜似一衣，非止不掩中藏，且莫能穷其底蕴。诗云'衣锦尚䌹'，恶其文之著也。此独不然，止因外色最深，使里衣之文越著，有复古之美名，无泥古之实害。二八佳人，如欲华美其制，则青上洒线，青上堆花，较之他色更显。反复求之，衣色之妙，未有过于此者。"在这里，李渔谈到可以通过色彩的对比来创造美的效果：面色白的，穿青色衣服，愈显得白；年少的穿它，愈显年少。李渔谈到可以通过色彩的融合或调和来掩饰丑或削弱丑的强度：面色黑的人穿青色衣服则不觉其黑，年纪老的穿青色衣服也不觉其老。李渔谈到可以通过色彩的心理学原理来创造衣服的审美效果：青色是最富大众性和平民化的颜色，正是青色给人的这种心理感受，可以转换成服装美学上青色衣服的如下审美效应——贫贱者衣之，是为贫贱之本等；富贵者衣之，又觉脱去繁华之习但存雅素之风,亦未尝失其富贵之本来。

在三百年多前的李渔那个时代,日常生活常常就是这样被审美化的,李渔参与其中,并给予理论总结。李渔的这些思想,曾得到林语堂先生的称赞,他在《生活的艺术》中引述李渔关于衣衫的一大段文字,说:"吾们又在他的谈论妇女'衣衫'一节中,获睹他的慧心的观察。"

然而,我们也应该看到,李渔在论"相体裁衣"时,如前所述,其缺点仍然在于主要谈面色不谈体形。其实,相体裁衣根本是要相人的体形裁衣;此外,还要相人的年龄、身份、社会角色、文化素养、内在气质等裁衣。离开这些谈相体裁衣,总使人觉得没有完全搔到痒处。

服装的文化内涵

李渔《闲情偶寄·声容部·治服第三》三款谈服饰美,是《闲情偶寄》中最精彩的部分之一。而在正文之前的一段小序,李渔谈了一个十分重要的问题,即服装的文化内涵,也很值得重视。

人的衣着绝不是一个简单的遮体避寒的问题,而是一种深刻的文化现象。李渔通过对"衣以章身"四个字的解读,相当精彩地揭示了三百多年前人们所能解读出来的服装的文化内容。李渔说:"章者,著也,非文采彩明之谓也。身非形体之身,乃智愚贤不肖之实备于躬,犹'富润屋,德润身'之身也。"这就是说,"衣以章身"是说衣服的穿着不只是或主要不是生理学意义上的遮蔽人的肉体从而起防护、避寒的作用,而是主要表现了人的精神意义、文化意涵、道德风貌、身份作派,即所谓"智""愚""贤""不肖","富""贵""贫""贱","有德有行""无品无才"等;而且衣饰须与其文化身份、气质风貌相合，不然就会有"不服水土之患"，正如余怀眉批所言："此所谓三家村妇学宫妆院体，愈增其丑者。"三百多年前的李渔能做这样的解说，实属不易。今天，服装的文化含义已经很容易被人们理解，甚至不需要通过专门训练，人们就可以把某种服装作为文化符号的某种意义指称出来。这已经成为一种常识。譬如说，普通人都会知道服装的认知功能，从一个人的衣着，可以知道他（她）的身份、职业，特别是军人、警察、工人、农民、学生、干部等，常常一目了然；进一步，可以知道他（她）的民族、地域特点，是维吾尔族、是哈萨克族、是苗族、是藏族、是回族、是汉族，等等，来南方、来北方，等等，也很清楚；再进一步，从一个人的服饰可以推测他的爱好、追求、性格、气质甚至他的理想，等等——这要难一些，但细细揣摩，总会找到服饰所透露出来的某种信息。再譬如，人们很容易理解服装的审美功能，一套合身、得体的衣服，会为人增娇益美，会使一个女士或男士显得光彩照人。再如，服装还可以表现人的情感倾向、价值观，特别是服装还鲜明地表现出人的性别意识，不论中国还是外国，男女着装都表现出很大差别，等等。

服装作为一种文化现象，随人类的进步和社会的发展而不断发展变化。从新石器时代的"贯头衣"，秦汉的"深衣"，魏晋的九品官服，隋唐民间的"半臂"，宋代民间的"孝装"，辽、西夏、金的"胡服"，明代民间的"马甲"和钦定的"素粉平定巾""六合一统帽"，清代长袍外褂当胸加补子的官服、女人穿的旗袍，民国的中山装，中华人民共和国成立后的列宁装，21世纪的今天五花八门的时装，等等，可以看出不同时代丰富多彩的文化信息。

在中国古代，特别是帝王专制制度之下，服饰的这种文化内涵又往往渗透着强烈的意识形态内容。服饰要"明贵贱，辨等列"。历代王朝都规定服饰的穿着、制作之森严等级，不但平民百姓与贵族、士大夫要区分开来，而且在统治阶级内部，皇家与官员、高级官员与普通官员，服饰（包括色彩、图案、质料、造型等）都有严格等级划分，违例者，轻的有牢狱之灾，重的就要掉脑袋。唐代大诗人杜甫有一首五古《太子张舍人遗织成褥段》，有几句是这样的："客从西北来，遗我翠织成。开缄风涛涌，中有掉尾鲸。逶迤罗水族，琐细不足名。客云充君褥，承君终宴荣。空堂魑魅走，高枕形神清。领客珍重意，顾我非公卿。留之惧不祥，施之混柴荆。服饰定尊卑，大哉万古程。今我一贱老，裋褐更无营。煌煌珠宫物，寝处祸所婴。"① 所谓"服饰定尊卑，大哉万古程"，就是说历来服饰就定下尊卑之别，不能超越规矩。杜甫自称"非公卿"，西北来的这位张舍人所赠宝物，与自己的名分不称，他不敢享用。

杜甫所遵循的是官家严格的服饰制度，但是，李渔的服饰美学却表现了民间的审美倾向。黄强教授在《李渔与服饰文化》中论述了李渔的这种倾向性的变化。他说："李渔服饰理论的重心有了很大程度的转移：服饰的审美趣味压倒了政治等级色彩，个性要求压倒了共性原则。"② 虽然黄强的论述并非完美无缺，但他的基本观点无疑是很有价值的。的确，李渔服饰美学思想的变化，透露出明末清初整个社会文化的变化及其影响下服饰文化观念的变化。中国数千年的政治专制和文化专制，越到后来，譬如宋明时代，越多地遭到一些具有叛逆思想的人质疑；而民间对服饰的森严规定也发起一次次冲击。朱熹就感叹："今衣服无章，上下混淆。"③ 到明末清初政权转换时期，汉族文化（包括服饰文化）受到满族文化（包括服饰文化）的强制性打压，从士大夫阶层到普通民众，文化思想也处于剧烈变动状态。以往的专制文化下的服饰制度，也必然遭到不同程度的破坏。在这样的情况下，李渔服饰美学倾向发生变化就是十分自然的了。

---

① 杜甫：《太子张舍人遗织成褥段》。此录诗的一部分。
② 黄强：《李渔研究》，浙江古籍出版社，1996，第158页。
③ 朱熹：《礼八·杂议》，《朱子语类》卷九十一。

服饰风尚的流变

李渔自己的服饰思想在流变,而他还特别注意到整个社会的服饰风尚特别是服饰色彩的流变。《闲情偶寄·声容部·治服第三》中说:"迩来衣服之好尚,有大胜古昔,可为一定不移之法者;又有大背情理,可为人心世道之忧者,请并言之。其大胜古昔,可为一定不移之法者,大家富室,衣色皆尚青是已。青非青也,元也。因避讳,① 故易之。记予儿时所见,女子之少者,尚银红桃红,稍长者尚月白,未几而银红桃红皆变大红,月白变蓝,再变则大红变紫,蓝变石青。迨鼎革以后,则石青与紫皆罕见,无论少长男妇,皆衣青矣,可谓'齐变至鲁,鲁变至道'②,变之至善而无可复加者矣。其递变至此也,并非有意而然,不过人情好胜,一家浓似一家,一日深于一日,不知不觉,遂趋到尽头处耳。……至于大背情理,可为人心世道之忧者,则零拼碎补之服,俗名呼为'水田衣'者是已。衣之有缝,古人非好为之,不得已也。人有肥瘠长短之不同,不能象体而织,是必制为全帛,剪碎而后成之,即此一条两条之缝,亦是人身赘瘤,万万不能去之,故强存其迹。赞神仙之美者,必曰'天衣无缝',明言人间世上,多此一物故也。而今且以一条两条广为数十百条,非止不似天衣,且不使类人间世上,然而愈趋愈下,将肖何物而后已乎?"

这段话有几处特别值得注意的地方。

第一,李渔描述了从明万历末(李渔"儿时")到清康熙初五六十年间衣服风尚和色彩变化的情况:先是由银红桃红变为大红,月白

---

① 避讳:康熙皇帝名玄烨,故避"玄"字,而写为"元"字。
② "齐变至鲁,鲁变至道",《论语·雍也》:"子曰:'齐一变,至于鲁;鲁一变,至于道。'"齐一变,达到鲁的样子;鲁一变,就合于大道了。

变为蓝；过些年，则由大红变为紫，蓝变为石青；再过些年，石青与紫已经非常少见，男女老少都穿青色的衣服了。李渔的这段描述具有很高的史料价值，是我们研究古代（特别是明末清初）服饰色彩流变的第一手资料。

第二，李渔试图探索和总结服饰风尚和色彩之所以如此流变的机制和流变的方式。他的判断是："其递变至此也，并非有意而然，不过人情好胜，一家浓似一家，一日深于一日，不知不觉，遂趋到尽头处耳。"他所捕捉到的，主要是促使服饰变化的社会心理因素，即所谓"人情好胜"。他认为，众人的心理趋向造成某种服饰风尚和色彩沿着某个方向变化。而且，这种心理趋向之促使服饰风尚和色彩流变，是在无意识之中发生和进行的，是一种潜移默化的过程，即所谓"并非有意而然，不过人情好胜，一家浓似一家，一日深于一日，不知不觉，遂趋到尽头处耳"。黄强教授在《李渔与服饰文化》一文中分析李渔这种思想时，认为历史上"对流行色彩、流行款式的追求，是一个递变无穷的流动过程"，并提出服饰风尚和色彩流变的"趋同"和"变异"矛盾运动说："某种色彩成为流行色彩，某种款式成为流行款式，就表层原因而言，确如李渔所云：'并非有意而然'——有人登高一呼，群起响应；而是'人情好胜'——人们对服饰美的追求。当生活中出现一种新的服装色彩或款式时，人们便'群然则而效之'，这是'趋同'。等到形成时尚与潮流，其中也就包含着对这种时尚和潮流的否定，因为服饰审美趣味中还有另一种因素在起作用，用李渔的话说就是'人情厌常喜怪'，'喜新而尚异'。总有一批推动服饰潮流和时尚的先行者们，他们厌弃了已在社会上普遍流行的色彩和款式，用更新的色彩和款式取而代之，这是'变异'。"① 我认为，说"对流行色彩、流行款式的追求，是一个递变无穷的流动过程"，用"趋

---

① 黄强：《李渔研究》，浙江古籍出版社，1996，第151~152页。

同"和"变异"的矛盾运动来解释服饰风尚色彩的流变,是有一定道理的。但是恐怕还应考虑促使流变的更多因素和更多形态。譬如,社会政治经济文化思想的剧烈变动造成审美心理结构和审美趣味的变化,外来思想文化的传入形成的冲击,历史上掌权者(某位皇帝)的大力倡导,某位皇后服饰的表率作用,今天社会公众人物(著名演员、艺术家)服饰的引导力量,统治者颁布的法规、命令的强制作用,等等,都会对服饰流变产生影响。另外,"趋同"和"变异"的来回荡动,实在也很难有一种规律性的形态,客观实际上的服饰风尚的走向,是很难预测的。"言如是而偏不如是"的事情,在服饰流行中会较多地发生。

第三,从李渔对当时服饰流行风尚的"大胜古昔"的称赞和"大背情理"的批评,我们可以看到李渔理论也有自相矛盾之处。一方面,他看到了服饰风尚的流行有非人所能控制的因素,即所谓"并非有意而然","不知不觉";另一方面,他又想以自己的批评力量,通过称赞"大胜古昔"和批评"大背情理"去进行控制。而且,更为根本的问题是他的批评未必有道理。即以"水田衣"来说,也许并非如李渔所言"盖由缝衣之奸匠,明为裁剪,暗作穿窬,逐段窃取而藏之,无由出脱,创为此制,以售其奸",而是当时普通百姓审美心理潜移默化的变化使然。对于这一点,我倒是很同意黄强的看法,他这样解释"水田衣"的出现:"这种'水田衣'排斥一统、单调、僵化、陈旧,追求多变、复杂、繁富、创新,体现了一种厌倦常规的心理,甚至是一种离经叛道的情绪。"[①]

顺便说一说,李渔谈服装美,还有许多值得称道的地方。

例如,他具有可贵的平民意识,总是站在普通百姓的立场来说话,为普通百姓着想。请看这一段话:"然而贫贱之家,求为精与深

---

① 黄强:《李渔研究》,浙江古籍出版社,1996,第153页。

而不能，富贵之家欲为粗与浅而不可，则奈何？曰：不难。布苎有精粗深浅之别，绮罗文采亦有精粗深浅之别，非谓布苎必粗而罗绮必精，锦绣必深而缟素必浅也。绸与缎之体质不光、花纹突起者，即是精中之粗，深中之浅；布与苎之纱线紧密、漂染精工者，即是粗中之精，浅中之深。凡予所言，皆贵贱咸宜之事，既不详绣户而略衡门，亦不私贫家而遗富室。"

再如，他注意到衣服的审美与实用的关系。当谈到女子的裙子之时，一方面他强调裙子"行走自如，无缠身碍足之患"的实用性，另一方面他又强调裙子"湘纹易动，无风亦似飘摇"的审美性，应该将这两个方面结合起来。

结　语

　　李渔作为中华民族的历史文化名人，他的文化遗产，他的贡献，当然在于他的艺术创作在历史上所具有以至今天仍然保持着的审美价值，当然在于他的理论思想在历史上所具有以至今天仍然保持着的学术价值，但这仅仅是一个方面；另一方面，李渔留给我们的遗产，还在于他的性格和品行中的许多优秀方面，对今天塑造人们的创造性品格，对于今天的文化建设，也具有重要价值和作用——可惜，这一点是以往被我们所忽视了的。的确，李渔不是英雄，不是完人，他所生活的封建专制时代和小农经济社会必然带给他历史局限和时代烙印——以今天的价值标准来看，它们自然显示出某些消极意义甚至某种人品缺陷；但过去许多人总是抓住李渔人品中的消极方面，大加渲染，而对他的积极方面却重视不够，甚至视而不见或多方贬抑。这是不公平的，也是不符合李渔这位历史文化名人的真实面貌的。今天我要还原一个真实的李渔，并挖掘出他在历史上的真实价值和在现代所具有的意义。这就是我数十年研究李渔的宗旨，特别是我写《戏看人间——李渔传》的目的所在。

　　2012年初至2013年底，我应中国作家协会"中国历史文化名人传"丛书编委会之约，撰写了《戏看人间——李渔传》，于2014年1

月由作家出版社印行。

前些年已经出版过五六部李渔传，如肖荣《李渔评传》、沈新林《李渔评传》、俞为民《李渔评传》、徐保卫《李渔传》、万晴川《风流道学——李渔传》、刘保昌《夜雨江湖——李渔传》等，它们之中少数几部从不同角度写李渔其人，而大多数却是学术传记，即着重写"事"——挖掘并评价、弘扬李渔在艺术创作和美学理论等方面的价值和贡献；我以往几十年间所出版的《论李渔的戏剧美学》、《李渔美学思想研究》、《评点李渔》、《李渔美学心解》、"中华养生经典"之《闲情偶寄》等书，着力者也在此。这次我所撰写的《戏看人间——李渔传》，与以往的学术传记和学术著作不同，是一部文学传记。虽然我也不能不写到李渔的艺术成就、学术价值和贡献，但我所着力做的，却是挖掘它们背后的东西，即要揭示李渔之所以能够获得成功和做出贡献的内在根据，探索他之所以获得成功和做出贡献的社会历史原因和个人原因。这样，就要着重写"人"，挖掘生活在那个时代、那个社会中人物的性格内涵和精神蕴藏。如果说李渔作为一位历史文化名人是一棵精神大树，那么我力图让人们看看这棵精神大树是怎样生长出来的，以及它的种种情状；我要复现历史上曾经真实存在的、活生生的李渔形象和李渔之魂，努力描绘出李渔的真实性格，展示他的真实的品行，并凸显这种性格和品行对李渔获得成功所起的作用和在今天文化建设中的意义。

中华民族传统文化是今天建设和发展有中国特色的现代中国文化取之不尽的资源，李渔遗产是其组成因素。反复阅读、考察李渔，进一步窥视这位大才子如此这般的生活际遇和独特的性格品行。当然，前已指出李渔生活在17世纪的封建专制和小农经济时代，不能不带有那个时代的烙印和局限，有许多消极因素，但是，更令我们关注的应该是他性格和品行中那些积极方面。李渔之所以能够成为历史文化名人，为中华民族做出自己的贡献，是由多方面的社会历史文化因素

结 语

所促成的,但他的个人性格和品行的这些积极因素所起的作用也绝不能忽视。

这些积极因素是什么?就是他一贯特立独行,违俗违众,违时违世,标新立异,大胆创新,不信邪、不唯书,勇于突破传统,敢做天下第一个"吃螃蟹"的人……这就是我在前面一再强调的:他的人生光彩在"怪""异",他的历史贡献亦由"怪""异"生发的超越性而来;"怪""异"实乃其艺术创造的标志性品格。

譬如:李渔自谓"我性本疏纵,议者憎披猖";无论何时何地,他非独出心裁不可。

再譬如,李渔读书,"偏喜予夺前人",爱作翻案文章,满脑子逆向和多向思维。李渔告诫人们:千万不要上当受骗,不要认为书上说的就是对的,就是真理。凡事都要用脑子想一想,要多打几个问号,多提出几个为什么,自己作出正确的判断。

李渔品行中的这些优秀因素,就是今人所谓"独立之思考,自由之精神"。这是任何时代一个独立的主体、一个真正的学者,应该具有的品格。人类赖此而发展,社会赖此而前行。

亦正是李渔的这种性格品行,才使他在各个领域向凡俗和陈规开战,使他常常敢于第一个"吃螃蟹",一生充满创造,做出了许多前人不敢想、不敢做也做不到的事,成就了他的开拓性业绩。

李渔的《闲情偶寄》,就极富创造性。它不但内容厚实,且力戒陈言、追求独创。在《闲情偶寄》卷首《凡例》中李渔自陈:"不佞半世操觚(音 gū,古代用来书写的木简),不攘他人一字。空疏自愧者有之,诞妄贻讥者有之。至于剿窠袭臼,嚼前人唾余,而谬谓舌花新发者,则不特自信其无,而海内名贤,亦尽知其不屑有也。"其实这也是李渔一生全部艺术活动和学术活动的宗旨和座右铭。李渔《〈一家言〉释义》(即他为自编的《笠翁一家言》初集所写的自序)中特别强调"自为一家",强调独创而反对模仿,强调为文如"候虫宵犬，有触即鸣"①……这些非常精彩的话，达到了那个时代艺术思想和美学理论的高峰，拿到今天，仍然非常高明，为一般人所不能企及——所以它不但在美学史上具有重要意义，而且今天仍然具有非常重要的学术价值。在这些话里，李渔强调艺术是生命本真的表现，是发自灵魂的自然鸣唱。由此出发，李渔不但鄙视模仿，而且瞧不起刻意求工，认为"工多拙少之后，尽丧其为我矣"；而一旦"丧其为我"，也就是艺术的死亡。

它可以看作是李渔的美学宣言，也是他的艺术实践指南，而且也是他一生活动的准则。

他对中国曲论的历史性革命和创造性发展，可视为戏曲美学之时代里程碑。他在前人基础上完成了中华民族独具特色的戏曲美学体系的建设，成为清代戏曲美学第一人。

李渔给我们以启示。在三百多年以前，李渔正是这样期许他的儿辈、教育他的儿辈的。他有一首词《天仙子·示儿辈》：

>　　少小行文休自阻，
>　　便是牛羊须学虎。
>　　一同儿女避娇羞，
>　　神气沮，才情腐，
>　　奋到头来终类鼠。
>
>　　莫道班门难弄斧，
>　　正是雷门堪击鼓。
>　　小巫欲窃大巫灵，
>　　须耐苦，神前舞，

---

① 《〈一家言〉释义》，《李渔全集》第一卷，浙江古籍出版社，1991，第4页。

| 结　语

人笑人嘲皆是谱。

李渔教导他的儿子们：你们即使是牛羊也要学习老虎——软弱的牛羊只能畏畏缩缩、任人驱使，甚至任人宰割，只有勇猛的老虎才能气吞山河、闯出一片天地。你们不要像成天憋在闺房里的女孩儿那样娇羞柔弱，不要一天到晚神气沮丧、才情朽腐、死气沉沉，倘若如此，到头来顶多只能是个胆小怕事、畏首畏尾、没有出息的鼠类。你们要敢于班门弄斧，敢于雷门击鼓，即使是小巫也要敢于窃大巫之灵。

李渔自己在青少年时代，就常打破常规去做"另类"学习。据说，十六七岁的时候，他就离开家独自到老鹳楼去读书。为什么到那里？可以自由阅读呀！李渔之所以偏偏要离开舒适的家，离开有老师随时可以请教的私塾，独自一人找个僻静地方住下来，就是为了自由自在地阅读，潜心用功——私塾里读书就像在水沟里游泳，怎能施展手脚！老鹳楼在如皋城东北数十里以外的李家堡。据晚清进士沙元炳修《如皋县志》卷三《古迹》之"老鹳楼"条记载："老鹳楼在李家堡南街，自明以来，不详建之谁氏。昔有鹳鸟乘海潮来栖楼上，虽炎暑，蚊虫绝迹，人咸异之，故名其楼曰老鹳。明季，诗人李笠翁尝侨寓此，自后屡易其主。"李家堡现划归海安市，笔者曾去寻访，在当地许多朋友导引下，大体确定老鹳楼位置所在，但已看不出原来老鹳楼一丝遗存，只有当年楼附近的一座石桥还依稀可辨。此地为长江三角洲冲积平原，方圆数百里平坦如砥。夏日，海风从东边数十里外的太平洋吹来，热气为之一扫。试想三四百年以前，平地上陡然耸立一座高大的老鹳楼，远离闹市，视野辽阔，惠风习习，沁人心脾，安静凉爽，应该是读书的好地方。李渔嗜书如命，如饥似渴。在这里，各种书籍，他都广泛涉猎，像一块海绵，充分吸纳他所能得到的海一样的知识、养分……他读些什么书？四书五经，他在私塾里已经读得烂熟如泥，许多篇章几乎倒背如流，用不着像和尚念经那样天天诵读；虽然带在身边，偶尔翻翻，那只是装装门面以掩世人耳目，或搪塞父母询问而已。他所大量阅读的，是从朋友那里借来的或者自己偷偷购买的一些书，它们在一般攻求功名的学子看来可能有些"不入道儿"：一是《史记》《汉书》等二十一史和唐宋八大家文——这些书不能为科考之路铺砖，于考功名无直接帮助；一是稗官野史、小说、传奇（戏曲）——这些书常常被正人君子、冬烘先生认为是精神毒品，只能使人心猿意马，想入非非，而对考功名有害无益。

正是这种自由阅读，成就了后来的伟大作家。

承担"中国历史文化名人传"丛书之《戏看人间——李渔传》的写作任务，不但在我的"计划"之外，而且在我的"意料"之外。2012年初春，在老友何西来兄热情推荐之下，我偶然间走到该丛书之中——我对人戏称是心甘情愿受西来"裹挟"，懵懵懂懂却十分愉快"上山"的。进了山门，看到各路大仙云集，队伍相当壮观。我乃此界小巫，颇有"自惭形秽"之感，觉得这碗饭不好吃。

我之所以被选中写《戏看人间——李渔传》，大概是一些人误认为我是李渔研究专家。其实，我只是"半个"研究李渔的人而已。1979年受老师蔡仪先生之命，为他主编的《美学论丛》写了两篇有关李渔戏剧美学的文章，接着又写成《论李渔的戏剧美学》一书，在中国社会科学出版社印行。从此作为"副业"，几十年间断断续续涉笔李渔；而我的"主业"，始终是文艺学、美学、中国古典美学，偶尔写点儿散文、诗歌之类。由此可知，我的李渔研究很不"专业"，说我是李渔研究专家实在夸张；恰切说我于李渔研究，不但是"半个"，而且是"业余"。

而且，在写作李渔研究文章时我还曾犯过一个不大不小的错误：1983年第6期《文史哲》发表的拙文《李渔生平思想概观》，依据朋友在蒲松龄故居发现的手抄李渔词稿并结合蒲松龄在苏北宝应县做幕僚时曾有戏班为知县孙惠祝寿等资料，未经认真考证即推断那戏班即李渔家班、李渔和蒲松龄有过一次接触，此后误导学术界和文艺界多年。一些李渔研究的学术论文，特别是收入《李渔全集》的《李渔年谱》，还有多部李渔传记，均依此说；连北京人民艺术剧院描写李渔生平的话剧《风月无边》，开始即李渔与蒲松龄相见；2011年为纪念李渔诞辰400周年而演出的文艺晚会，一上来就是大段李渔与蒲松龄友谊的戏，我坐在台下，看得脸上火辣辣的。我乃罪之魁、祸之首也。我已在许多场合做过检讨，今特再正式予以纠正：依照现有历史资料，并没有确凿证据表明李渔与蒲松龄曾经会面或有过其他直接交往；相反，他们二人相见的机会几乎没有（我的朋友黄强教授以及另外一些专家已经做了认真考证）。借此机会，我诚恳向学术界谢罪。

在数十年的李渔研究中，我得到了许多专家和朋友的热情帮助，写作遇到什么疑问和难题，随时向他们请教。如果我在李渔研究中在一定意义上取得了些许成绩，这是专家提携、朋友帮助的结果，也是大家共同劳动的结果。

我大半生研究李渔，此书可以算作一个小结了。

2020年10月2日

附　录
谈李渔和《李渔传》
——2014年3月16日接受中国网络电视台记者采访

杜书瀛　肖泽颖

　　李渔（1611—1680），号笠翁，浙江金华兰溪人，清初家喻户晓的大戏剧家。他主要以喜剧噪世，同时也是小说家、戏曲理论家、散文家、诗人、园林艺术家、美食家、编辑家、出版家和史论家等，可谓名副其实的艺术多面手和学术杂家；但他杂而能专，专而能精。自四十岁左右，他在杭州开始了"卖赋糊口"的职业写作生涯，成为中国古代最早的职业作家之一。五十岁左右移家南京，继续写作；并且开办"芥子园"书社——集编辑、出版、销售于一身，还组织家庭戏班演出。其间，他数度以著名戏剧家、作家身份遍游祖国东西南北，广泛结交达官贵人、社会名流，为生计而奔忙不息。约六十七岁，以"首丘之念"而归杭州西湖边上的层园，仍笔耕不止。康熙十九年庚申（1680）阴历正月十三，于负债累累、穷愁潦倒之中去世，由其好友钱塘县令梁冶湄捐资办理后事，享年六十九岁。

李渔的地位

肖泽颖（以下简称"肖"）：李渔作为清代的这样一位大戏剧家，有人叫他"东方的莎士比亚"……您怎么来定位这样的一位历史人物？

杜书瀛（以下简称"杜"）：李渔，有的人说他是东方的莎士比亚，其实莎士比亚和李渔是很不相同的，不一定叫作东方的莎士比亚，他就是中国17世纪一个大戏曲家、大小说家、大戏曲美学家。

肖：他有很多身份。

杜：他是多面手，他不光是戏曲家，他还是一个园林家和园林美学家。他还是美食家，服饰美学家，仪容美学家，养生家……一个名副其实的多面手，是个了不起的人物。他作为中国古代的历史文化名人，当之无愧。对于这样一个人物，我觉得我们过去，有一段时间重视不够。

肖：应该给予公正评价。

杜：他呢，作为中国的一个历史文化名人，是当之无愧的。这个人，他有多方面的贡献，比如说他的戏曲是中国古代独具特色的社会风情喜剧——轻松的社会风情喜剧。这方面，他可以说是一把好手。

肖：风情喜剧。

杜：他写的不是"宏伟叙事"、重大题材，他写的是家长里短，人的一些日常生活的喜剧。他是喜剧家，他没有写过悲剧。他作为喜剧家很受欢迎，就像现在的许多歌星、许多球星、许多影星那样受欢迎，受追捧。当时他在中国，可以说是最受欢迎的一个畅销书作家、喜剧家。他的传奇作品风行得难以想象，有时上半部写完了，马上就叫人家抢了去，就去排练了，就去演出了。他得赶紧地写下半部，不然的话，就来不及了。所以他的受欢迎程度是很难想象的。当时他有一位友人，叫范文白，给他的《意中缘》写序，提到：从吴昌（就是苏州）到丹阳，一路下来，到处都在演我的朋友李渔的传奇，像《怜香伴》、像《风筝误》、像《意中缘》等，演出场所，不光是高雅人物的一些堂会，而且还有普通百姓的戏台——李渔在那些个普通百姓中也很受欢迎。他曾经有过一个传奇，里头写到乡间搭的戏台子上面演剧，人山人海。南方，很多河塘，在水边搭一个戏台，小儿、壮汉、妇女，各种各样的人物，站在小船上的，坐在小船上的，来看演出。你知道鲁迅写过《社戏》，那乡村看社戏的热闹景象很像当时看李渔的戏。所以李渔受欢迎那是不得了的，不管是高官，还是小民；不管是那些很雅的文人学士，还是那些目不识丁的引车卖浆者流，妇女、小孩，都喜欢他。而且他的朋友说，李渔的作品，被那些高级人物，拿了去以后，买了去以后，如得"异书"，无不"虚左席"而待之。"虚左席"是什么意思呢？古代以左为上，表示很尊重，"虚左席"，对之非常崇敬。

肖：很著名的畅销书作家。很难想象在那个时代的畅销书作家有多么受大家的追捧。

杜：跟现在的歌星、球星、影星那样受关注。李渔，他在我们中国17世纪的大地上，掀起了一股李渔旋风，或者叫笠翁旋风，叫湖上笠翁旋风。这个旋风刮到大江南北。

肖：真是太受欢迎了。

杜：李渔以他的传奇和小说作品掀起了这样一个湖上笠翁旋风，在当时那是很不小的一股旋风，很强劲。这个旋风以他居住的杭州（后来是南京）为中心，向长江流域的上下左右，纵横几千里，扩展开来。他是很受欢迎的一个戏剧家、畅销书作家。

肖：有人认为，在历史上，和李玉等其他的人物相比的话，李渔好像名气不是那么大。那您怎么看？

杜：李渔的名气可不是不大，李渔的名气比李玉（与李渔差不多同时），还要大，李渔在当时名闻遐迩。当时有一个芜湖的女子，就"非笠翁之书不读"。这个女子呢，她的丈夫叫曹石臣，他们结婚以后十来年，妻子去世了。去世之前，她跟丈夫说，我平生"非笠翁之书不读"，我死了，最大的心愿就是希望能够得到李渔的片言只语之赞。妻子死了以后，这个曹石臣怀揣着妻子的遗像，拦路找到李渔，说请你给我妻子写一个赞。李渔就写了一个赞。李渔自己说，哎呀（他的原话不是这样，我是翻译成咱们的白话），像我这样一个糟老头子，我这样一个人，没有想到得到那么多人的喜爱，这简直让我受不了。

关于写传

肖：你写《戏看人间——李渔传》（以下简称《李渔传》），不重复别人，有自己的独创。你是怎样做到的？

杜：李渔传，前面已经有好几部——我知道的有六部。"评传"有三部：一个是肖荣的《李渔评传》，一个是沈新林的《李渔评传》，还有一个是俞为民的《李渔评传》。再就是一般的写人物的三部：徐保卫的《李渔传》，万晴川的《风流道学——李渔传》，刘保昌的《夜雨江湖——李渔传》。

肖：总共几本至今？

杜：总共，此前我看到六本。

肖：六本了。

杜：加上我这个是七本了，前面的六本李渔传，一半是写人（以人为主）的人物传记；一半应叫作学术传记。这个学术传记，它是以人物的主要成就（他的学术成就）为主，是写事的（就是事物的事）——这样它就对人物注意不够。

我的这个《李渔传》是文学传记。

肖：你怎么理解文学传记？

杜：文学传记是什么意思呢？就是它主要是写人物形象、刻画性格。当然我不可能不涉及他的学术成就、他的学术价值；要写出他为什么会取得这样的成就。而我更关注的是这个学术成就、美学成就、艺术成就后面的东西——它们怎么来的？我关注的是这个。那么这个学术成就是怎么来的呢？当然有社会的原因、文化的原因，有个积淀过程；同时，很重要的是他个人性格上的一些因素——这个个人性格上的因素，不能不注意到。这个个人性格的因素，应该对李渔的成就，起很大的作用。所以，我就着重来揭示这个成就背后的那些东西。把李渔性格的内涵、他的精神世界，揭示出来。所以我写的主要是李渔的形象。他是精神上的一棵大树，这棵大树是怎么成长起来的，我着重揭示这个东西。

肖：您的这个《李渔传》，如果说和其他的传记不同的话，您认为更重要的特点是什么？

杜：我这个《李渔传》，如果说和其他的传记比较，我认为刻画人物、刻画性格是最重要的特点。前面说到过，李渔作为一个大戏剧家、大小说家、大戏曲美学家，确实是值得我们为他写传，值得我们很好地来揭示这棵精神大树是怎么样生长出来的，值得我们这样做。我们应该把李渔的性格特点揭示出来，看看它在李渔的成长过程当中、取得成就的过程当中，起到怎样的作用。同时也要揭示李渔的性格对于今天的价值、对于今天的意义。

早就是"国际名人"

肖：像李渔这样在中国历史上有影响的历史名人的确应该立传。

杜：这是一个方面，另外一个方面就是：李渔很早就是国际名人。李渔的作品，在他逝世 91 年之后，就传到日本了。李渔逝世是在 1680 年初；91 年之后，日本就把他的《蜃中楼》两出，翻译到日本去了。日本有一个很著名的学者青木正儿，他写了一部《中国近代戏曲史》，在这部戏曲史里，他就说，在德川时代（日本的德川时代，相当于咱们清代的康熙到咸丰时代，相当于西历的 17 世纪初到 19 世纪中叶），如果有人谈到中国的戏剧，没有不立刻举出湖上笠翁的，所以笠翁的知名度，当时就是非常高的；而且后来，日本编了一本文学大纲，就是一本谈中国文学的书，它把中国文学的这些大作家，分为 21 个文星，李渔算是一个，这 21 个文星包括谁？屈原，还有就是李白、杜甫什么的，排下来，排到李渔，一共 21 个人。这本书，一共十六卷，李渔自己成为一卷。所以他在日本的知名度很高。在 18 世纪末和 19 世纪初，他的作品已经翻译成英文、法文、意大利文——传到欧洲大陆和英国去了。后来，他的许多作品传到俄罗斯。俄罗斯莫斯科大学有一个副教授，叫华克生（他自己起的这个汉文名字），他姓什么呢？姓星期天（这个词，俄语是星期天）。这个人我在中国见过，他到中国来做学术访问，他把我的一本论李渔戏剧美学的书介绍给俄罗斯读者。正是他把李渔《十二楼》翻译到俄罗斯去的。美国哈佛大学东方系主任，新西兰人，韩南教授，说：李渔在中国的古代作家里头，是可以进行总体性研究的一个——就是说李渔的创作和他的理论是很全面的，所以可以进行总体性研究。他在前些年专门来中国，就是为了写一本有关李渔的书。他的话是很有影响的。还有就是一个德国的博士，叫马丁，他 20 世纪 70 年代，到台湾去，专门研究李渔。他出了关于李渔的书，同时他编了一部《李渔全集》，1970 年由台湾成文出版社印行。这之前，咱们的《笠翁一家言全集》是不包括《笠翁十种曲》的（《笠翁十种曲》是李渔的传奇、戏剧作品）。他的《李渔全集》里头，包括《笠翁十种曲》。他在传播李渔的作品方面，做出了贡献。还有咱们好多在国外的华人，研究李渔，出版了一些有关李渔的著作。

李渔的性格特点

肖：李渔有着怎样的性格特点？

杜：我写《李渔传》，刚才我说了，我要挖掘人物的性格内涵，看看它怎么样促成了他取得这样的成就。那么李渔的性格特点是什么？李渔的性格，一句话，就是他敢于自我作古，所谓自我作古，就是自己做开天辟地第一人。西方有一句话叫"自我统治"，所谓的自我统治就是，我不是跟着别人怎么说我就怎么说，而是我自己做自己的主人，自己要创新，有原创性。要敢于做第一个"吃螃蟹"的人。李渔终其一生的重要性格，就是如此。他不唯书——不是书上怎么说，我就怎么说。他不这样。书上怎么说，我偏不那样说、那样做，我按照我自己的想法，去说，去做。这是李渔的很重要的一个性格特点。他从小就是这样。他在六七岁的时候，就在他的后花园，自己种一棵小梧桐树，他和梧桐树一起成长，在这棵梧桐树上刻诗，每年刻一首诗（梧桐树，后来，大概到了明清易代的时候，毁于战火）。小时候，到二十三四岁以前，他家在如皋。

他在十八九岁的时候，他的父亲去世了。当地有一种习俗，人去世的当天，他的这个灵魂就随着走了，到了第七天，灵魂回来了，叫作回煞。那么这个灵魂回来的时候，家人必须避灾，如果你要是不避开的话，有生命危险。有一个日者（就是那种专门占卜的人），就劝李渔说，你必须在这个时候躲出去，你不躲出去就有生命危险。李渔就不信这个邪，他说亲人去世，哪有自己的亲人互相残害的道理呢？另外，他说，书上也没有这样的记载。从圣贤之书，找不到这样的记载。二十一史（那时候是二十一史，不像现在二十四、二十五史）里边也没有这个记载。而且邻里百家,也没有听说谁家有因为回煞死人的。没有这个事情,所以我不信。王阳明先生曾说:"夫学贵得之于心。求之于心而非也,虽其言之出于孔子,不敢以为是也,而况其未及孔子者乎?求之于心而是也,虽其言出于庸常,不敢以为非也,而况其出于孔子者乎?"所以当时李渔就是自我作古。王阳明就是自我作古,李渔是信奉阳明心学的,受王阳明的影响很大:我自己怎样想的,不管别人怎么说,我就一心一意地按我自己想的去做。所以他写了一篇《回煞辩》,驳斥这个日者。日者哑口无言。

还有一件事情,就是他父亲去世一年以后,李渔全家染上疫病,就是瘟疫,病得非常厉害,什么药都很难治好他这个病。李渔说,我想吃杨梅。他的家人就去问医生,说杨梅怎么样,他想吃。医生说,你千万别叫他吃,杨梅这种东西,和他这个病正好是相克的,如果真叫他吃了一两颗,他就要命了。他的家人瞒着他,不叫他知道杨梅下来了。李渔问:杨梅下来了没有?家人说:没有。但是他住的那座房子,窗户对着街,街上有杨梅的叫卖声。李渔说:你看,现在杨梅已经下来了!逼着他的家人去买。别人不叫他吃,他却非吃不可。没有想到,吃了几颗,病好了——集结在心里的那股郁闷之气,为之一解,他病好了。所以他就是不信邪,不信世俗的传统的那种说法。

李渔到老都是这样。有一次他女婿说,九月九日,按习俗应该登高。李渔说,没有非要在九月九日登高不可的道理,我不信。九月九日之前我就不能登高,九月九日以后我就不能登高,非要九月九日干吗?我就不信。于是他专门写了一篇《不登高赋》。

所以他就是一定要特立独行,和别人都不一样。

他读史书的时候,爱作翻案文章。这里有几个故事。

介子推,大家知道。介子推是春秋时候晋国的一个大臣。晋国公子重耳,因为内部斗争,流亡到其他的国家一二十年,跟着他的有五个人,这个介子推是五个人之一。这五个人都对重耳忠心耿耿,有一次重耳饿得没办法,这个介子推就把自己大腿上的肉割下来,做给重耳吃。后来,重耳回到国内,当了国君,就是晋文公。晋文公当时是春秋五霸之一。跟着他的人都得到重赏,但是唯独介子推没有。人们就说:哎呀,你看看这个重耳真是,人家介子推对你那么好,当时割肉给你吃,你这个人怎么没有奖赏他?这个介子推后来就隐居了,就退隐了,退隐到乡间去。重耳(就是晋文公),要找介子推。听说介子推跑到山里头去了,有个人出馊主意说,烧山,把他烧出来,结果介子推和他的老娘,两个就在那个山里面被烧死了。寒食节怎么来的?就是这么来的。就是介子推被烧死以后,为了纪念这个介子推,就有了这个寒食节,不生火吃饭,吃寒食。但是李渔对这个历史记载有自己的看法,说介子推是个伪君子,为什么呢?介子推,他当时好像说我不要功名,不要赏识,但是他作了一首《有龙之歌》,四言诗,这个《有龙之歌》说,有一条龙在外头流亡,五条小蛇跟着他,回来以后,有四条蛇得到了赏识,只有一条小蛇是没有得到赏识["有龙于飞,周遍天下。五蛇从之,为之丞辅。龙反其乡,得其处所。四蛇从之,得其露雨。一蛇羞之,桥(槁)死于中野"]。他这首诗明明要晋文公给他奖赏,但是他假惺惺地说不要,而且跑到山里头去,这不是个伪君子吗?李渔说这种伪君子,不值得我们去崇敬他,而且说,这类伪君子还很多。还有谁呢?汉王刘邦。这个刘邦哭义帝。李渔说哭义帝的刘邦也是一个伪君子。为什么呢?这个义帝是什么人呢?秦末楚汉相争,楚霸王项羽,当时是为了号召人民跟着他走,要有一个招牌,要有一个标志性的人物,作为号召,就找了楚怀王(楚国的楚怀王的孙子,也称楚怀王),作为一个旗帜。后来项羽就自封为西楚霸王,把刘邦封为汉王,把这个楚怀王推为义帝。"意义"的"义",义帝。刘邦耍花招,派人把这个楚怀王——义帝给杀了,杀了以后,就把这个罪名推到了项羽身上,而且还假惺惺地三哭义帝。这不是一个伪君子吗？李渔说，本来义帝是你杀的，还要假惺惺地去三哭义帝。这个刘邦是伪君子。

还有个人物，就是曹操。曹操把汉献帝迎到他的许昌驻地，目的就是"挟天子以令诸侯"。本来是为了私欲——私人目的，结果看起来好像把这个汉献帝供奉起来，好像是怎么尊敬汉献帝，其实不是。是挟天子以令诸侯。这些都是伪君子。

肖：是挟天子以令诸侯。这些都是伪君子。

杜：他说，这和吴起杀妻求将，和易牙烹子求荣，是一样的。这又是两个典故。

吴起，大家知道，是战国时期的卫国人（"保卫"的"卫"），那个时候，也和现在有点相像的就是到处去求职。他年轻的时候，到鲁国去求职，在鲁国发展自己的事业，到了鲁国以后，正好齐国要攻打鲁国，要拜将，要有个人领兵打仗；有个人出主意，说吴起这个小伙子不错，有才、有德、有能力，可以拜为将。但是有一个问题，就是吴起的老婆，是齐国人，说齐国来攻打鲁国，你要是拜将拜到吴起，他老婆又是一个齐国人，将来这个吴起会不会向着齐国？这个消息传出来，国君有这个顾虑，吴起为了得到这个职位，就把自己的老婆杀掉了。听起来，这个人简直是有点恶心，对不对？这就是吴起的故事。李渔说，你看，曹操、刘邦，他们这些伪君子和这个吴起是一样的。他说还有个易牙也一样。易牙是谁？易牙是春秋时候的五霸之一齐桓公的厨师。这个厨师做菜做得非常好，齐桓公非常赏识他。有一次，齐桓公无意间说了一句话，说我什么好东西都吃过了，就是没有吃过人肉，没有吃过婴儿的肉。结果这个易牙听了，回去以后就把他的四岁的儿子给杀掉了，然后做成肉羹，奉献给齐桓公，你说这样的人恶心不恶心？所以李渔说，刘邦也好，曹操也好，还有介子推也好，他们都是伪君子，和易牙是一样的，和吴起是一样的，他们都是一路货。所以他说你们读书，千万不要相信有些个古人说的话，你要自己用脑子想一想,要独立思考。这是李渔很大的特点,终其一生,李渔就是这个特点,这是他的性格当中非常重要的一点。不唯书,自我作古,富有创造性。

李渔性格在当时和现代的作用

肖:性格决定命运,他的性格决定了他一生最终的命运是什么。

杜:我想强调这样一点,就是李渔这样的性格,直接促使了他的成就的取得,因为他不唯书,敢于独创,这样的性格,对于当时他的成就起了很大的作用,他的成就——他的传奇也好,他的小说也好,都是敢于独创。他以前的小说和传奇,都是演绎故事("故"者,在这里就是陈旧的、既有的),很少有自己的独创性。冯梦龙比李渔大概早那么一点时间,他是明末的人,他的"三言",还有凌濛初的"二拍",这些小说大部分是演绎故事——古代的那些关目,古代的一些情节,然后再加以自己的一些个加工、润色,写成小说。所以那些都没有太大的独创性。但李渔不一样,李渔,他的小说、传奇都是自己找新关目、新情事,然后加以独创,写成传奇、小说。所以他有些传奇、小说,直接取材于现实。比如那个时候(明末和清初),明清易代,非常残酷的一个战乱时代,杀人如麻,草菅人命,好多人被杀了。李渔亲身经历过那样一段战乱,他曾逃荒逃到山里去,经历了那种惊心动魄的生死险境。

肖:就根据这些经历,他写成了自己的小说、传奇,有好多小说、传奇,是直接取材现实。

杜:他写的许多小说,就取材于当时他自己的经历,所见所闻——比如说把人论斤卖,特别是卖女人。战乱中有一些女人,被逮了去以后,用麻袋一装,按着重量来卖。李渔的小说就写到这个:称一称，重多少，然后叫人买了去。有的人没有老婆，就买去做老婆了。李渔把这个情节写进了他的一篇小说。

肖：写成真实纪实的这样的小说。

杜：李渔还有一篇小说，写到当时西方传来的望远镜，李渔就把这个望远镜写到他的小说里头去，叫千里眼。这篇小说，是写一个人物，他和一个姑娘谈恋爱，姑娘家里头不同意，然后他就通过这个千里眼，看到她家里头的情形——她父亲写的东西，写的一些内容……然后他就说，你看，我知道你家里写的东西是什么内容，我和这个姑娘谈恋爱，这是一种神意，这是一种天意。他把这个望远镜也写到他的小说里头去了。所以他当时是很前卫、很先进的。

肖：很时尚的想法。

杜：很时尚的。所以李渔的作品很有独创性。

我觉得李渔的这些性格，当时对他的艺术作品、他的美学作品的独创性，起了很大的作用。

肖：李渔这种性格的确对他取得那样的成就起了很大作用。

杜：李渔这种性格特点不光当时对他成就的取得起了很大作用，而且在现代，我觉得他的这种性格、这种品格，也很有意义。为什么呢？李渔这种独创性的品格，不唯书，特立独行，自我作古，在现代也是非常需要的。我们现在中华民族的伟大复兴需要什么样的人？就需要这种独创性的人。反观我们现在的教育就很值得检讨。我们古人倒是很有独创性的。我们的古人对世界曾经做出了很大的贡献。

肖：我们的古人有四大发明贡献给世界。

杜：李渔敢于第一个"吃螃蟹"的这种性格，为我们今天，提供了一个榜样；我们中华民族的复兴，就需要李渔这样的一种性格，敢于独创，敢于第一个"吃螃蟹"。不然的话，我们是不会真正创造出那些被世界所承认的成就的。

李渔的成就

肖：在李渔的成就里面，您觉得最显著的具有代表性的是什么？

杜：譬如，他的艺术作品（传奇和小说）的成就就不得了。他的独具特色的社会风情喜剧，很值得称赞。他这个社会风情喜剧，刚才我说，当时的人都为之倾倒。

他是清代白话小说第一人。

肖：都有哪些代表作？

杜：代表作，他有好多了。一个小说集叫作《无声戏》——他认为小说和戏曲（传奇）是一样的，戏曲是有声的，它（小说）是无声的。他的这个《无声戏》，还有他的《十二楼》（他的另一部小说集），这都是他的代表作。

戏曲理论（戏曲美学）方面的就是《闲情偶寄》。他的戏曲理论，集中表现在他的《闲情偶寄》这部书里头。这部《闲情偶寄》很不一般，人们历来对《闲情偶寄》都非常重视，一印再印，不知道有多少盗版。《闲情偶寄》一直到现在，还在不断地出版新版本。

肖：这个《闲情偶寄》主要讲的是什么内容？

杜：《闲情偶寄》它分八个部分，最主要的是它的戏曲理论。在戏曲理论方面，它建立了中华民族自己的有民族特点的戏曲美学理论、美学体系。这个美学体系，前人已经有所创造和建树，但是最终，这个体系的完成，是在李渔手里头。

肖：完成于李渔。

杜：所以他在戏曲美学上的地位，可以说他是中华民族富有自己民族特点的戏曲体系的完成者，可以说是中国古代戏曲美学的第一人。清代白话小说，他也是第一人，他是第一个。就是说，过去的白话小说,刚才说了,都是演绎那些旧事,演绎旧的关目,而他是有独创性的。所以,孙楷第(他是我们文学所的一位老专家)说,冯梦龙他们这些小说,虽然写得很好,写得不错,但是他是演绎过去的故事。唯有李笠翁的小说,篇篇都有自己的新生命。孙楷第是很著名的专家,孙楷第说的话,大家都很推崇。所以李渔可以说是名副其实的、当之无愧的清代白话小说第一人。

李渔是奋斗出来的

肖:他经历过哪些重大的挫折,或不为人知的经历?

杜:有,李渔开始的时候,曾经在他的家乡待不下去了。当时明清易代,战乱当中,他跑到山里去躲灾。躲了一两年的时间,后来平定下来了,李渔就回到他的家乡来务农。务农的时候也曾经有过很舒适的日子,他盖了一座伊山别业,就是别墅,也曾经过了几天舒心日子。但是后来,为了一个官司,没法生活下去,他就到了杭州。到杭州,开始了他的卖赋糊口的生活。

肖:刚开始的时候,他靠什么为生?

杜:开始的时候,是写小说和传奇。

肖:他最辉煌的时候?

杜:最辉煌就是从杭州时期起,写小说,写传奇。开始当然不为人所注意了,但是后来,他的传奇和小说写出来之后,大家看了,觉得很好,所以就流行起来了,流行得越来越广泛,成了一个红人——他这个红人就这么来的。他是凭借自己的小说和传奇红起来的。

肖:他拿稿费?

杜:稿费?中国在明代以前向来没有职业作家;如果有职业作家,应当从明末清初时候开始,而李渔则是中国古代职业作家的最主要的代表人物。这个职业作家很不容易。因为当时是封建专制时代，封建专制时代是小农自然经济和市场经济，它绝对是不一样的。而李渔卖赋糊口，他实际上是当时的自由职业者。

肖：他卖赋糊口——写文章挣钱来养家糊口？

杜：对。"赋"本来是中国古代一种体裁（文体）——赋、汉赋，汉代不是有汉赋吗？本来是一种体裁（文体）。但是李渔这个所谓"卖赋糊口"的"赋"，就泛指一切文章。

肖：一切文章。

杜：诗文、小说、传奇都可以包括在他这个卖赋糊口的"赋"里头。

肖：卖赋为生，能够糊口吗？

杜：他是这样：他写成文章——写成小说、写成传奇之后，就有书商（开始的时候是书商）给他刻板，就是印行。刻板以后……

肖：印刷。

杜：然后印成书，印成书去卖，卖了以后，他才能够得钱，就是这样。后来到了南京的时候，他就自己开书社了。

卖赋糊口这是在1650年之后。在杭州待了十年，开始的时候，是他写了传奇和小说，有书商来印行，卖，然后给他钱。就像咱们投稿，投稿以后，出版社给你稿费。开始的时候，就是这样一种情况。也许当时书商刻印了以后，交给他自己去卖——也许有这种情况。反正他通过劳动，把写的书刻出来，卖钱，来养家糊口。到了南京的时候，他想：我与其叫书商去给我刻了卖，还不如我自己开一个书社。所以他到南京之后，就先搞了一个叫翼圣堂，紧接着，就搞了一个芥子园——芥子园是一个大的书社。翼圣堂和芥子园，都是李渔自己开的书坊或者叫书社。他的这个书社是自己写，写了自己刻，刻了以后自己卖。所以，这样刻了以后，就不会把利润流到书商那里去了。我自己又是书商，又是作者，又是卖书的人，这个钱就归自己。翼圣堂、芥子园就是这样的书社,他有好多书都是在自己的书社里头刻,然后去卖。当时出现了一个问题,什么问题呢?他的书有好多盗版——当时也有盗版,不光是现在咱们的书有盗版。他对这种盗版非常恼火。有一次他接到朋友的来信,说苏州那个地方,正在卖他的盗版书,他急了。我自己辛辛苦苦写出来,写出来以后,我自己刻、自己卖,那个钱是归我自己的。结果别人却盗版,盗版以后,他们去卖,他们是不劳而获。所以他就赶紧到苏州,去制止这个盗版。当然,那个时候没有什么法律保障,他就只好请当时苏州的官员来帮他来解决这个盗版的问题。在苏州还没解决好呢,不料杭州又来信,说杭州正在刻他的书,不日就要上市了。他分不开身,叫他的女婿到杭州去。

肖:去打假。

杜:对,去打假,去反盗版,去解决这个问题。所以他是非常烦恼。他有一篇文章里面就讲,他要和盗版决一死战。决一死战,李渔当时反盗版是很坚决的。就和现在是一样的,现在也有盗版。

另外,李渔,他为了他的利润,他很会做广告。他为什么书卖得好?他在出版《闲情偶寄》的时候(是翼圣堂出版的),在封面上就说,它是笠翁秘书第一种,不久,笠翁秘书第二种《一家言》就要出了。这是一种广告。

肖:做广告。

杜:他早就会做广告了,后来他还搞了许多信笺——这个信笺,就是信纸带上花纹的那种,拿这个去卖。当时信都是毛笔写,这个信笺很漂亮,这个信纸上头,写上很漂亮的毛笔字,这是很有意思的事情,很文雅。他可以拿这个卖钱。他的信笺好多好多种,上面有花卉的,有人物的,等等,他就做信笺的广告。做的什么呢——我有多少多少种信笺,你要是买的话,到金陵——就是南京,金陵什么什么地方,去买就可以了。写得非常清楚,这是一个广告。现代的作家(我们这几年,专业作家、职业作家已经开始有了)羞于做广告。其实李渔在三百多年以前就做广告,而且做得很好。后来鲁迅也做广告,大文豪鲁迅,我们崇敬的大文豪,他也做广告。所以说,做广告并不是一件坏事,在市场经济中,推销自己的作品,这是完全正常的;但是不要做假,做假不行。

  李渔,我认为他作为职业作家,从这点来说,他是在严寒的冬季飞出来的一只春天的燕子。严寒指什么?就是在这个封建专制制度之下,那样一个社会里头,他特立独行,成为一个职业作家,一个卖赋糊口的自由职业者,而且用这个来养家活口。这在当时专制社会是非常罕见的一种现象。

  肖:李渔也有过麻烦?

  杜:对,李渔有烦恼;但是他也有相当得意的时候。他是畅销书作家,像现在的歌星、球星走到哪儿都有找他签名的。当然,那个时候,李渔不会有人找他签名了,但是到处都有人在吹捧他,他到哪里去都受欢迎。

李渔的悲伤和不幸

  肖:可以说是春风得意。李渔后来的不幸,原因是什么?

  杜:李渔,他是一个登徒子,有登徒之好,他很喜欢女人,他的身边少不了女人。他的一些姬妾,成为他的家庭戏班的重要成员,其中有两个,一个叫乔姬,一个叫王姬,是他这个家庭剧班里的台柱子。他到西北去旅游的时候(他这个旅游和我们现在不一样,他的旅游是要挣钱的,是要"打秋风"的——"打秋风"知道吗?打秋风就是找一些达官贵人,去为达官贵人服务,为他们作一些对联、诗词,达官贵人赏识他、资助他),人家给他买了一些小女孩,送给他。

最初李渔是将其作为登徒之好，但是后来，发现这两个小女孩，是真有艺术天才，所以后来她俩就成为他的剧社里头的台柱子。但是很不幸，过了几年，这个乔姬首先病死。到武汉（现在的武汉那一带，就是楚地）旅游的时候（也是为了"打秋风"，到处去给人家唱戏什么的），乔姬病死了。因为她刚为李渔生了一个小女孩，她又不愿意离开李渔。刚刚生了孩子，应该休息，身体非常虚弱。但是她非要瞒着李渔，说身体很好，随李渔一起到楚地去。结果在那里生病，死掉了。李渔非常伤心，天塌地陷。这还不算，后来过了一年多两年，北京之行，带了王姬，就是另一个台柱子。

肖：也死了。

杜：结果这个王姬又死在北京，这对李渔又是一个莫大的打击。

肖：从此以后，他的人生开始走下坡路了。

杜：李渔的主要的成就，不管在戏曲方面、小说方面，还是戏曲理论方面，在这之前已经基本取得了。到了乔姬和王姬去世之后，他可以说，再没有那么重要的作品写出来了。但是他仍然在写，很顽强。李渔是一个很顽强的老头儿。虽然他受了这么大的打击，但是他顽强地活下来，走下去。

李渔留给我们的遗产

肖：历史名人为什么最后却落得死无葬资？这种巨大的反差，带给我们的思考是什么？

杜：在封建专制时代，在小农经济时代，他做的事情，却是市场经济下的事情。所以我说，他是从严冬里头飞出来的一只春天的燕子，这只燕子毕竟是非常脆弱的。虽然他有一段时间是很辉煌的，最终还是扛不过那个严冬。因为，你作为一个卖赋糊口的人，你这个"赋"得卖出去，才能够得到钱，养活这个家。但是卖不出去，那就不行了。他后来年纪大了，没有那么多创造性的作品出来了，他的生活就相当艰苦了。最后，他就是死无葬资。这也就是当时的社会。

他是一个超前的人物，超了差不多三百年，到现在我们的这个市场经济中，才有比较多的职业作家出现，那个时候，三百多年以前，一个封建专制时代，小农经济时代，卖赋糊口的职业作家是与之格格不入的——他的一些行为，和封建专制与小农经济是格格不入的，所以他是个超前的人。这个超前的人物有他的悲剧——最后他死无葬资。他的朋友钱塘令梁冶湄出钱，安葬了他——安葬于杭州方家峪外莲花峰。

他的死带给我们很多的思考，很深刻的思考。需要考虑考虑，他是不是成功的，如果说他成功的话，为什么他死无葬资呢？他是不是失败的，如果他失败的话，为什么到现在我们还在纪念他，还将他作为一个中国古代的历史文化名人，作为一个杰出的作家来纪念他？2011年在他的家乡，开了一个全国性的"李渔诞辰400周年纪念会"，大家都在纪念他，而且现在好多研究生的博士学位论文、硕士学位论文，就是以李渔为题来写的。全世界的好多汉学家，以李渔为题，来作自己的文章，写自己的著作。所以这样的一个人，全世界那么重视他，你说他是一个失败的人，那也说不过去。他是成功，还是失败？这是引起我们所有学者思考的一个问题。

肖：他给后代留下了什么？

杜：他留下了很丰富的遗产。丰富的遗产分两个方面，一个方面是他的精神——自我作古的性格，不屈不挠的奋斗；一个方面是他的作品——他的戏曲作品，他的小说，他的诗文，他的其他的文章，这些文章，具有很高的审美价值。到现在，他的许多作品，还在流传。有的传奇，还在上演。比如说《风筝误》，我们的北昆——北方昆曲剧院，就时常在演他的《风筝误》。我曾经在北昆演出《风筝误》的时候去看过，演得不错。还有他的《怜香伴》传奇，2012年排演，这是三百年来第一次用昆曲的形式，原汁原味地来排演李渔的这个《怜香伴》。为什么我知道？排演《怜香伴》的这个剧组，把我聘为文学顾问。当然后来有些变化——香港的一个导演被聘请为该剧导演，就是关锦鹏，不知道你知道不知道。这个《怜香伴》是中国第一部写女同性恋的一个传奇。他写的是两个女人，同嫁一夫，同认一父，为了什么呢？就是因为这两个女孩结下了很深的友情，而且从友情发展成爱情，只有同嫁一夫，才能长期生活在一起。这是同性恋。当然我们现在对同性恋，还有一些不同的说法，不同的看法；我觉得对同性恋，不应该歧视它，不应该歧视。各人有各人的追求，我认为应该宽容。

肖：您的思想还是挺前卫的。

杜：我觉得应该这样。不要歧视。李渔是第一个，可以说，用完整的一部作品，写女同性恋。后来这两个女人，同嫁一夫；而这个男主角，就没有他的什么事了。李渔写的主要就是这两个女人之间的爱情故事，写了从她们相识、相恋、相爱，整个的过程。

肖：而且这个完整的故事，写的就是李渔的两位……

杜：这有不同的说法，有的人认为就是李渔的两位姬妾。有人说，它是写李渔的妻妾和谐，朋友为《怜香伴》作序的时候，就是这么说的。虞巍为《怜香伴》作序就说，看着李渔的妻妾如此和谐，共同侍奉李渔，就建议他：你可以此为题材写个传奇。李渔就以此做了一个由头，写了这部《怜香伴》。但是他又不完全是写自己的妻妾相互体谅、相互照顾，和谐相处，不完全是这个。它是一部艺术作品，他有他的想象，不是生活的一种照搬，不是这样的。

特别要强调的李渔一段话

杜：李渔有一段话，我觉得应该特别说一下。李渔在他的《一家言》自序里头，曾经说过一段非常重要的话，过去人们不太重视，我觉得这段话是李渔的精华所在，李渔美学思想的精华所在，所以必须加以强调。他说："凡余所为诗文杂著，未经绳墨，不中体裁，上不取法于古，中不求肖于今，下不觊传于后，不过自为一家，云所欲云而止，如候虫宵犬，有触即鸣，非有摹仿、希冀于其中也。摹仿则必求工，希冀之念一生，势必千妍万态，以求免于拙，窃虑工多拙少之后，尽丧其为我矣。虫之惊秋，犬之遇警，斯何时也，而能择声以发乎？如能择声以发，则可不吠不鸣矣。"这段话，有点文言，大家可能一时听不明白，我再解释一下。就是说：我所写的这些杂著、诗文、戏曲、小说，不是刻意去追求什么，我"上不取法于古"，就是不以古代作为我的榜样，按照古代的那种规则去写。"中不求肖于今"，现今那些人的作品，我也不是以他们为榜样写。"下不觊传于后"，就是说，我也不希望我的作品，就非要流传下去不可。我不过是说我心里头，内心想说的话，我说这些话，就像那些秋虫，秋天的虫子，它要鸣叫；就像那个夜里头看家的狗，它要狂吠（比如说有盗贼来了，那个狗就要叫）。就像那个似的，它不是为了模仿什么，而是发自我自己内心的一种欲求，发自内心的一种感触，由感即发。如果我要是想着模仿什么的话，那就失真了，不真了。因为，要是想模仿的话，就必然求"工"——就是要刻意追求写得多好，多美；所以，一求"工"，那坏了，就有一些做作的、虚假的东西在里头了；就"尽丧其为我"，我自己的个性就没了，我自己的真心也就没了。

所以他说，我写的东西，都是从我内心里头流出来的，从我的精神世界里头迸发出来的,而不是模仿了什么东西。这和过去我们说的现实主义理论正好是相反的,或者说是不同的(不说相反,就说不同吧)。过去我们说,我们的现实主义,总是应当模仿自然,模仿现实,再现现实——现实什么样子,然后就写成什么样子。李渔不是这样,他说,我写作品,是我内心里头,有一种生命欲求生发出来,要表达,所以我才写。即有感而发,有所触动而发,不是模仿。不是亦步亦趋模仿现实——这是一个很高明的美学思想。如果仅仅模仿,照葫芦画瓢,就把自己的个性泯灭了,那我宁肯不写。这一段话,是李渔的美学宣言。他的美学的最主要的主张,都集中在这儿了。过去我们好多人没有注意这段话。如果说到李渔美学的价值,他的美学主张,这段话,必须大说特说。好多著名作家、美学家就主张,不是模仿现实,不是现实怎么样就模仿它,不是这样;而是表现我内心的一种生命的欲求。实际上好多作品,都是从自己内心迸发出来的。有的作家,一辈子写一本书,是写他生命当中的最有价值的那一部分。大概你们年纪轻,不太知道奥斯特洛夫斯基的《钢铁是怎样炼成的》这本书。《钢铁是怎样炼成的》这本书尽管现在看起来,可能有人挑一些毛病,提出不同看法;但是它的非常重要的一点,即它是作者真正把自己的生命最有价值的东西写出来了。它是奥斯特洛夫斯基的生命精华的表现,是他整个生命的最有价值的一种深化。好多好的作品,都是这样写出来的,是从自己内心里面流出来的,从自己生命当中生发出来的。

肖:李渔其实是个代表。

杜:李渔就是这样,他的好的作品——当然他有些作品也有缺点,但是他的好的作品,就是朝着这个方向——至少是朝着这个方向去做的。当然,他有一些作品,可能现在看起来,不尽如人意,有一些缺点;但是这个美学主张是非常高明的。世界上好多大作家,都是用自己的生命在写作,我们中国的巴金,就是这样。巴金,他那一些小说,就是写自己生命当中最有价值的东西,是从生命里头生发出来的。

代 跋
文艺理论家杜书瀛访谈记（节选）

陈定家（中国社会科学院文学研究所研究员）

(2013年12月12日《文艺报》)

陈定家：您把自己的研究工作分为四个方面：美学研究，基本理论研究，古典诗学研究和李渔研究。我知道李渔研究不是您的"专业"，但数十年来您从未停止过对李渔的关注，如今您已经是这个领域颇有声名的"行家"和"大家"，其实我认为"李渔美学"与其说是您的"业余爱好"，还不如说是您的"学术根据地"。能否再谈谈您的李渔研究？

杜书瀛：作为"副业"，几十年间断断续续涉笔李渔研究；写了《李渔美学思想研究》《李渔美学心解》《闲情偶寄》等注释、评点，最近又接受了中国作家协会"中国历史文化名人传"丛书中《李渔传》的写作委托。我深感这是一件于中国文化事业有重要意义的事情，因此兢兢业业，丝毫不敢怠慢。于是从2012年初春起，我便搁下了手头正在进行的一部书的写作以及其他工作，全心全意投入《李渔传》的创作中来。

我写《李渔传》遵循了丛书编委会给它的两个基本规定：一是真

实性（不能虚构，但可有合理想象），一是文学性（要有可读性，有文采）。我认为这是撰写传记文学的根本原则和正确的指导思想。因此，《李渔传》须是一部严肃的具有真实性和可读性的历史文化名人的文学传记，应该真实性和文学性并重，而真实性是它的基础。因此在创作中我努力追求的理想状态是，所写内容都真实可靠，有根有据，有文献可查——我想让它经得起历史检验，而且经得起专业人士的查证；在真实性基础上，讲求文学性、可读性。我企望它能够雅俗共赏：既要让尽量多的一般读者看懂和喜欢，为他们呈现出一个具有一颗不安定的灵魂，永不满足现状，总是标新立异、独出心裁、开拓创新，勇于挑战成见，爱作翻案文章，惯于自我作古，任凭千难万险也不低头、不退缩、不认输，穷愁半世却积极乐观，风流倜傥而才思敏捷的李笠翁，创造出一个立体的、活生生的文学形象；也要让文化品位较高（甚至专业）的人士欣赏，吸收李渔研究的最新成果，纠正以往某些疏漏和错误，写出我心目中一个真实可信而有血有肉的戏剧家、小说家、美学家李笠翁。只是由于本人能力和才识所限，可能还达不到这个目标，但是，"虽不能至，心向往之"。

  从接受《李渔传》的写作委托到现在，我一共写了四稿。其间，心无旁骛而集中进行传记创作的时间，不过一年半左右；但是，其实我是用了几十年有关李渔的几乎全部积蓄的。我实地考察过李笠翁老家浙江兰溪和金华，沿兰江北上循李渔当年从故乡赴省城乡试路线到富春江，辗转到了李渔走上"卖赋糊口"之路、创作传奇和小说达十年之久，并且晚年又选作归宿之地的杭州。我走访了李渔出生地江苏如皋，找寻当年李渔家药铺究竟开在什么地方，还到如皋城外传说李渔读书的老鹳楼故地，发思古之幽情。我又探寻了李渔在他的生命辉煌期生活了十六七年的南京翼圣堂和芥子园遗址，以及李渔水路出游的母港燕子矶码头。

  我希望写出一个独特的李笠翁。

陈定家：我相信很多人和我一样，急切地期待能早些看到您的这本李笠翁传。您作为中国社科院文学所的研究员和研究生院教授，在开展学术研究的同时，还得承担教学工作，您能否谈谈这方面的情况？

杜书瀛：我曾经在文学研究所欢迎研究生入学的一次会上表示：我收一个研究生，就是收一个朋友。我从我的研究生和研究生辈的人那里学到了很多东西。在其他文章中我还曾经发过这样的感慨：后生可畏。如今年轻一辈学者是大有作为的一代，是才华横溢的一代，在李渔研究领域也有很出色的青年学者。这是一个以青年为师的时代。他们敢作敢为，敢破敢立，敢闯敢拼；并且他们不少人又甘坐冷板凳，甘下苦功夫。这一"敢"一"甘"相结合，铄石锻金，何事不成？如果要说出他们的名字，仅北京各大高校和中国社会科学院里，我就可以列出数十人，还有上海、南京、山东、武汉、广州、四川、福建……天南海北，四面八方，可谓人才济济。面对他们，我常常自愧弗如。这一点，从我的学生们身上，也感触良多。我带过的研究生，虽说数量不多，但他们有的教学，有的科研，有的下海，有的主编刊物，有的从事出版，有的出国深造，各有自己的亮点和绝活儿，使我赞叹，使我惊喜。我们应该打破论资排辈的传统观念，青年人应当成为主力，应当唱主角。看到我的学生们成长起来，我无限欣慰！

勤勤恳恳在学术园地里（包括在李渔研究领域）耕耘、创造的青年学者，是我们的希望所在。我祝福他们！

而今的我皱纹越来越多，头发越来越少，不觉老之将至，唯幸牙齿尚固。我曾经写了篇自嘲文章说："杜某老矣，尚可饭也。酒足饭饱，一饭三矢，仍兴冲冲跑到岸边看青年千帆竞过，乃于喜泪纵横之余，呐喊几声，以助军威。"

图书在版编目(CIP)数据

李渔生活美学研究 / 杜书瀛著. -- 北京：社会科学文献出版社，2023.1
（中国社会科学院老年学者文库）
ISBN 978-7-5228-0857-4

Ⅰ.①李… Ⅱ.①杜… Ⅲ.①李渔（1611-约1679）-生活-美学思想-文集 Ⅳ.①B834.3-53

中国版本图书馆CIP数据核字（2022）第186074号

中国社会科学院老年学者文库
李渔生活美学研究

著　　者 / 杜书瀛

出 版 人 / 王利民
责任编辑 / 杜文婕
责任印制 / 王京美

出　　版 / 社会科学文献出版社·人文分社（010）59367215
　　　　　地址：北京市北三环中路甲29号院华龙大厦　邮编：100029
　　　　　网址：www.ssap.com.cn
发　　行 / 社会科学文献出版社（010）59367028
印　　装 / 三河市龙林印务有限公司

规　　格 / 开　本：787mm×1092mm　1/16
　　　　　印　张：15.5　字　数：206千字
版　　次 / 2023年1月第1版　2023年1月第1次印刷
书　　号 / ISBN 978-7-5228-0857-4
定　　价 / 128.00元

读者服务电话：4008918866

版权所有 翻印必究